U0251294

漳州布袋木偶戏

传承人口述史

高舒 著

暨南大学出版社
JINAN UNIVERSITY PRESS

中国·广州

图书在版编目（CIP）数据

漳州布袋木偶戏传承人口述史 / 高舒著. —广州： 暨南大学出版社，2016.7
ISBN 978 - 7 - 5668 - 1813 - 3

Ⅰ. ①漳… Ⅱ. ①高… Ⅲ. ①布袋木偶—戏剧史—研究—漳州市②布袋木偶—雕刻—研究—漳州市 Ⅳ. ①J827②TS938.4

中国版本图书馆 CIP 数据核字（2016）第 091266 号

漳州布袋木偶戏传承人口述史
ZHANGZHOU BUDAI MUOUXI CHUANCHENGREN KOUSHUSHI
著 者：高 舒

···

出 版 人：徐义雄
策划编辑：杜小陆 刘 晶
责任编辑：齐 心 李大强
责任校对：何 力
责任印制：汤慧君 王雅琪

出版发行：暨南大学出版社（510630）
电 话：总编室（8620）85221601
　　　　营销部（8620）85225284 85228291 85228292（邮购）
传 真：（8620）85221583（办公室） 85223774（营销部）
网 址：http://www.jnupress.com http://press.jnu.edu.cn
排 版：广州良弓广告有限公司
印 刷：广东广州日报传媒股份有限公司印务分公司
开 本：787mm × 960mm 1/16
印 张：21.375
字 数：318 千
版 次：2016 年 7 月第 1 版
印 次：2016 年 7 月第 1 次
定 价：86.00 元

（暨大版图书如有印装质量问题，请与出版社总编室联系调换）

漳州布袋木偶戏传承人群体代表签名

夹处老街和居民楼间的漳州市木偶剧团（2006 年摄）

漳州市木偶剧团的旧墙与老屋（2006 年摄）

漳州市木偶剧团破败的老屋一角（2006 年摄）

漳州市木偶剧团老排练厅里拆出的观众席（2006 年摄）

写在前面的话（一）

　　"尫"，古同"尩"，音 wāng。苏轼曾作《大老寺竹间阁子》一诗："残花带叶暗，新笋出林香。但见竹阴绿，不知汧水黄。树高倾陇鸟，池浚落河鲂。栽种良辛苦，孤僧瘦欲尫。"这里的"尩"，在字面上，有脊背不直、瘦弱佝偻之意，联系起布袋木偶戏手掌套入布袋木偶的自然状态，似乎也有几分相似。

　　但"尫"（通"尩"，下略）字，在闽南地区却又具有一些神性的意味。漳州当地把拜菩萨、神明称作"拜尫"。各家各户将农历年腊月二十三晚上叩送灶神及众神明上天庭禀报凡间当年家事的仪式称为"送尫"，农历正月初四清晨拜迎神明归家供奉则称为"接尫"。平和县国强乡等地还有与菩萨迎请、巡社相接续的"走水尫"祭祀活动。此外，在民间作为活人替身的木人、土偶、纸人，也俗称"替身尫仔"。

　　而"尫"字真正与漳州布袋木偶戏联系起来，是在闽南漳州地区的日常生活里。"尫仔"就是手里操作的玩偶、布袋木偶，"尫仔头"就是布袋木偶头，而当地人把操弄布袋木偶，上演布袋木偶戏，称为"弄布袋戏尫仔"，俗称"弄尫仔"。

　　"尫"是心怀敬畏地对本地庵庙中一众神佛的统称，而"尫仔"是对日常生活和戏剧舞台上的布袋木偶的统称，"尫仔"既可以扮演玉皇大帝、王母娘娘、福禄寿、加官、张仙等一众仙班，也可以扮演帝王将相、才子佳人，还可以扮演市井乡绅、一介草民，甚至虎豹豺狼、猛兽珍禽。同一个"尫"字，既用于戏偶，也用于神佛。下界与上天，最凡俗的和最神圣的，寻常百姓人手把玩的与高供于庙堂之上的不同对象，共享一字，似乎在启示我们，"尪"在闽南漳州人的草根生活和精神信仰里，是极为巧合而又乖丽的存在！奇妙的是，如今漳州布袋木偶戏里还保留着的"三出头"（扮仙），就是以"尪仔"（布袋木偶）饰演"尪"（神佛）的仪式小戏。

我的考究尚未通透，却也推知民间认可的"尪仔"一定是某种可亲近但又具有灵力的偶像。"弄尪仔"，是人们怀着虔诚与敬畏，将具有神性的偶像高高举起；又是天神融入凡俗，化身为人，与民同乐的精神放松。如果这个说法成立，那么"弄尪仔"的群体——漳州布袋木偶戏的传承人们，必定是非常值得记录的存在。

高 舒

2006 年秋

作于栖霞城南京

写在前面的话（二）

长枪短炮、疲于奔命的田野调查流程，总会因交通、信息、器械、陌生的诸多琐碎而显得毫无人情味。但是，当你的观察对象是这样一群有温度的艺人、手上套举着布袋木偶的演员时，不觉间镜头有了深度，画面变得柔和，而你的眼角也常常不知不觉地湿热。

这里是中国布袋木偶戏的代表性区域漳州。这里的布袋木偶剧团老戏常演，新剧不断；这里的布袋木偶戏乐队是闽南人皆知的，南北兼修，地道非常；这里的布袋木偶头雕刻在新中国成立初即揽获全国工艺美术大奖，被中国美术馆珍藏；这里的布袋木偶戏更是六十年前就一路过关斩将，在全省、华东地区、全国戏剧会演上脱颖而出，成为中国布袋木偶戏最高技艺的象征。

而这群漳州布袋木偶戏表演者，甚至在 1955 年被文化部邀请至中央戏剧学院木人戏研究组，作为教练入聘当年成立的中国木偶艺术剧团，留京三年，教授了中国木偶专业的第一批学生，培养出中国木偶艺术剧团的第一批职业演员。这群来自民间的地方木偶戏艺人"弄"着"尪仔"在罗马尼亚布加勒斯特的第二届国际木偶与傀儡戏联欢节上为国家捧回金奖，后赴苏联、捷克、波兰、法国、瑞士、南斯拉夫、匈牙利、蒙古等国家进行访问演出，组成了中国历史上第一个到国际上演出的木偶艺术团，而这些耀眼的荣誉也促使上海美术电影制片厂在 1962 年拍摄出中国第一部彩色木偶电影纪录片《掌中戏》，记录这群人里的佼佼者——漳州布袋木偶戏表演大师杨胜。进入 21 世纪，这里的布袋木偶戏教师在文化部主办的

3

全国艺术学科教学大纲论证会上为我国的木偶学科建设贡献了最初的教学大纲；这里的布袋木偶戏管理者更进一步结束了国内木偶戏专业长期只有中专文凭的历史，率先在中国戏剧的一流学府——上海戏剧学院设立了漳州布袋木偶戏的本科专业。

是的。我要记录的就是他们，一群以"弄尫仔"为生的漳州布袋木偶戏人。从 2006 年第一次走进，到如今 2016 年已至，十载往来，隐居于漳州市区商业步行街旁"澎湖路 6 号"的漳州市木偶剧团，依旧执拗地在福建之南保留着"北派"布袋木偶戏传统。年月流转，专研布袋木偶戏的漳州市木偶剧团始终稳居全国十大木偶剧团之一。

就在漳州布袋木偶戏的指掌乾坤之中，我遇到了两类人。

一类人认命。他们踏实苦干，安守本分，从不多想，一心用本事守护传统，证明自己的真功夫拿得出手，经得起赞许。

一类人折腾。他们愿闯，愿扛责任、挡非议，在剧团前路迷茫的时候，守风格，定方向，开出一条新路把老祖宗留下的宝贝传承下去。

认命的人让折腾的人有底气，因为只要提出新设想就有本事做成。折腾的人让认命的人放心，因为走新路也是靠着稳扎稳打的老步法。守旧和创新，老题和新机。一次次，全团上下结伴同行，共渡难关，这两类人总会互相拍拍肩膀说：哥俩好啊，咱兄弟们终于可以挺直腰杆，把传统保住了。

我佩服这两类人。

2015 年的 12 月，太古桥边的街坊邻里已清撤一空，唯有漳州市木偶剧团依旧开敞大门，孤守着"澎湖路"。再度走进老街，在旧厝中的办公楼、排练场和墙面上大大的"拆"字，越发让我明白，旧城改造，迁团在即。专业剧场几番上会讨论，定数尚未可知，几十年的老剧团暂租一商厦办公层。即便如此，剧团里的他们依然专心排戏参赛，依然深入社区献演，依然勤练勤演，至善未止。

也因此，我更佩服这个团队！

感谢促成我采访布袋木偶戏整个传承人群体的漳州市木偶剧团团长岳

建辉，艺术总监洪惠君，副团长郑少春、沈志宏。感谢支持我组织采访大小事的姚文坚、蔡琰仕。感谢十年来接受我采访问询并口述历史的每一位"弄尪仔"的人。山河日远，有了你们口述过去，我才能比照著录，齐全门类，勘误备查。愿星星点点愚夫之工，能解师长学友们追忆之苦，能补布袋木偶小戏无信史之憾。

笔是我的，故事是你们的，这本记录是我们一起完成的。

高　舒
2016 年春
作于丹霞城漳州

序 一

在古代典籍中关于"傀儡戏"的记载多有出现，但是对于傀儡戏中的一个重要品种——"布袋木偶戏"却少有记录。这自然与布袋木偶戏的形成历史较晚有关，当然也源自对它的关注度不够。尽管如此，布袋木偶戏的传承者却以累代不懈的努力，将这门艺术推向了极致。

2015年在参加联合国教科文组织亚太中心为柬埔寨组织的"非遗"培训时，我有幸配合该中心承担的"福建木偶戏后继人才"推广计划，宣传讲解木偶戏的历史与艺术。参与该项计划的漳州布袋木偶戏艺术大家洪惠君先生，就曾对报告涉及敦煌石窟第31窟《法华经变·随喜功德品》中的弄偶戏图像有过疑问。在我看来，壁画中的妇女拿着偶人正在逗弄自己的婴孩，从偶人的形态以及偶人下面短短的命杆来看，这应该是一个杖头木偶。洪惠君先生很珍视这幅图，他后来问我：是否存在布袋木偶戏的可能？确实学术界也存在将其作为布袋戏的观点，但我用此时期各种文献来说明我的个人见解时，能够看到他眼神中透露出的深深的期待和微微的失落。布袋木偶戏在历史中语焉不详，但它的传承者却希望这门艺术源远流长，在各种学术论证面前，他们宁愿相信那些斑驳的图像一定属于布袋戏历史。洪惠君先生的态度让我深深地感到这些传承者身上所承担的文化使命，他们在追问布袋木偶戏的历史时所展现出的对于自己传统的探究精神，与他们对布袋木偶戏这个艺术品种的杰出创造，是趋于一致的。当然，他们依靠着自己辉煌的创造，实现着布袋木偶戏历史的不断延续。

布袋木偶戏是中国南北方普遍可见的一种木偶戏，基本上以演员个体作为偶戏的承载。这种偶戏最普遍的状态是由一人肩挑戏具，撂地演出。演出时，表演者置身于布幔之中，头顶小台，演出一些简单的小故事，甚至音乐伴奏、说唱表演也经常集中于这一个表演者。因此，这种戏也有扁担戏、苟利子、乌丢丢、单人帮、千担戏、被单戏、帐篷戏、帐幔戏等称谓，显示出形制小、规模小的基本特征，不同于提线木偶、杖头木偶、铁枝木偶等偶戏艺术样式。令人赞叹的是，福建的布袋木偶戏师们通过一代代的创造，不断地突破着这种"单弄"的状态，扩容着这门看似弱小的艺术，让这个小小的偶戏品种焕发出了超乎想象的艺术品质，由此在闽南地区形成布袋木偶戏的南北派，深深驻扎在民众的生活中。

在闽南方言中，"弄尪仔"是漳泉人操弄布袋木偶戏的别样称谓。"尪仔"一词特指土木神偶，突出了布袋木偶所具有的神圣特征。这一地方称谓折射出的是闽南浓郁的民俗生活，以及这种生活中极具神圣地位的戏剧精神。一个被操弄于手掌中的偶人，不单是百态人生的艺术载体，而且是与天地宇宙共参的文化载体。因此，布袋木偶戏成为民俗生活最佳的诠释者，广泛地出现在民众的人生礼仪、宗教庆典中，既通俗，又神圣；既能在神道设教的文化生态中广施教化，润物无声，又能在庄严肃穆的神灵崇拜中挑弄戏谑，极尽人情。布袋木偶戏的这种民俗特点，保持着俑偶象生从久远以来就被赋予的宗教职责，始终扎根在民众慎终追远的文化传统中。应该说，稳定的民俗认同也许并没有被充分地记录下来，但是通过生活对艺术的接纳，让布袋木偶戏这一品种不因历史、时势的变化而中断其存续的历程，保证了艺由人传的薪火相继。

"没脚戏""手提戏"是布袋木偶戏在福建的俗称，鲜明地概括了这一偶戏品种的简单所在：人的手指能够熟练操控的，主要是偶人的头身部分。正缘于此，偶人头像就成为布袋木偶戏的直观呈现，它既是进行木偶戏表演的造型载体，也是木偶戏舞台美术的集中体现。偶头雕绘既仿自真实生活，又结合了戏曲行当的类型化和脸谱化特征，而在闽南的偶头雕刻技艺中又兼纳了根据故事而进行的随意刻镂和机关装置，让偶人形象鲜活生动、个性张扬。特别是闽南布袋木偶的塑造有所谓"五形三骨情之最，雕刻紧抓莫放松，脸有千样各有形，眼鼻口耳变无穷"的艺诀，强调人的面部生理与感情个性的结合，这种雕刻原则为木偶戏的表演提供了充分的拓展空间。仅在漳州地区，便有徐年松、许盛芳等传承有序的偶头雕刻大家，他们手中变现出来的偶头形象，让雕刻与绘画、色彩相得益彰，让偶头饱含人所应有的神态、心理，具有极高的审美价值，也成为中国各种偶戏造型中最精致的组成部分。除此之外，布袋木偶戏演出时所必有的舞台形式，如一人台式、多人台式、牌楼式都成为渲染场面的重要装置，那些得之于闽南雕刻、造型、绘画等艺术的创造都成为彰显布袋木偶戏演出效果的重要手段。这种包裹在布袋木偶戏之外的艺术空间，既是闽南民俗生活的内容，也是布袋木偶戏艺术的组成，极大地彰显着闽南布袋木偶戏的艺术高度。

布袋木偶戏最普遍的称谓是"掌中木偶戏""指头木偶""指花戏"等，强调的正是人依靠指掌操控所展现出的戏曲场面。作为布袋木偶戏的传承者，最基础的功法即是对拇指、食指、中指近乎苛刻变形的控制，三个指头训练成倒丁字形，食指控制偶头，拇指和中指展现偶人的左右上肢，保证偶人呈现出对称平衡的体态结构。在这个基础上，唱念做打，腾翻跳跃，让"偶"具备了与"人"一样的动作韵律，特别是偶戏与中国戏曲在表演艺术上趋同的特点，也让偶戏传承者遵循着戏曲行当塑造人物的艺术规律，由此形成了演员与行当、偶像与角色、指头技艺与戏曲技艺的交相映衬，共同彰显出布袋木偶戏独特的文化品质。闽南地区的布袋木偶戏依靠着歌仔戏、南管、北管等音乐艺术的诠释，依靠着京剧、梨园戏等艺术的滋养，不但延展出两人、多人的表演形式，而且极大地拓展着指掌的表现力，不断积累起数以百计的经典剧目和表演形式。这种"掌中弄巧"的艺术创造在漳泉人所在的台海地区真正成为群众喜闻乐见的精致艺术，让闽南布袋木偶戏成为中国布袋木偶戏表现力最强的一个品种，成为人类共享的艺术经典。闽南布袋木偶戏的独树一帜，显然是一代代布袋戏的传承者共同推动的。布袋木偶戏的历史实际上就是这些传承者艺术创造的历史，古代典籍记载的虽然有限，但今天所能展现的艺术已足以让人叹为观止，相沿既久的传承正显示出历史原有的深刻内涵。

漳州布袋木偶戏无疑是闽南木偶戏艺术的杰出代表，它的传统直接接续着布袋戏的历史，它的创造直接彰显着布袋戏最经典的艺术风格，它的传承直接承载着布袋戏累代不绝的艺术精神。尤其是漳州布袋木偶剧团作为闽南北派布袋木偶戏的代表性团队，自1951年建团以来，不但荟萃了杨胜、郑福来、陈南田等艺术大师，而且不断地培养出几代布袋戏艺术家，成为饮誉全国的木偶戏团队，他们演出的以《大名府》为代表的经典剧目，将指掌技艺发挥到出神入化的境界。这样一个延续着布袋木偶戏艺术命脉的团体及其每一个传承者，理所当然地成为布袋木偶戏历史的建构者，他们的艺术经验、传承心得、创造理想，对漳州布袋木偶戏，乃至中国布袋木偶戏的历史延续产生了重要的作用。

上述所感正是洪惠君先生第一次与我聊天给予我的思考。当然，当高舒女士拿着厚厚的《漳州布袋木偶戏传承人口述史》放在我面前时，我知道一部关于漳州布袋木偶戏艺术史的建构已经在她的笔下展开了。特别是这部著作包括了北派布袋木偶戏的几支传承体系的数代艺术家，不但有凭借指掌进行艺术创造的表演者，而且有乐师、舞美师、管理者、雕绘师等，还有剧团、社团、学会等传承推广机构，受访者口述所形成的完整结构真正符合中国戏曲、中国木偶戏作为团体艺术的内在规律，当然也彰显着布袋木偶戏独特的艺术历史和艺术规律。高舒女士笔下的口述史俨然成为漳州布袋木偶戏的一部厚重历史！

当漳州市木偶剧团在高楼林立的城市建设中，连团址的保存都处于危机状态时，口述史的记录显然是布袋木偶戏传承者探寻自身文化命脉的积极方式。每个对文化有责任和担当的人，都希望这种局面会随着人们对漳州布袋木偶戏的不断认知而有所改变，因为一座现代化的城市也许十数年就可以建设成功，但一门艺术样式也许会因为一个小小的原因就断送其久远而辉煌的慧命。对于漳州布袋木偶戏而言，缺少了良好的条件来养护传承者那双灵巧的手，中国文化的一个重要组成部分也许就永远离我们远去了！

王 馗

2016 年 4 月

（王馗，博士，中国艺术研究院研究员、戏曲研究所所长。多年来努力探索田野调查与历史考证、古典文献与艺术评论、戏曲艺术与基层社会相结合的研究思路，目前研究方向主要集中于戏曲史论、中国戏曲表演体系和佛教民族研究领域，出版专著有《偶戏》《鬼节超度与劝善目连》《佛教香花：历史变迁中的宗教艺术与地方社会》《粤剧》《解行集》等）

序 二

　　年前，我就接到高舒博士的邀约，为其新著《漳州布袋木偶戏传承人口述史》写篇序，当时只当是随口一说，并未在意。不想年后，远在北京的高博士竟把书稿给送过来了。捧着书稿，当时心里着实有些忐忑，虽说在漳州戏剧界浸泡了30年，但毕竟以剧本创作为主，较少涉猎戏剧研究。况且高博士专业扎实，又兼身处帝都，视野开阔，自是字字珠玑，见解独到，岂是我这偏居闽南一隅的孤陋之人可以妄加评说的？然则，待将书稿细细看来，却不禁为书中关注漳州布袋木偶戏之专、之深，以及洋溢其间浓浓的爱乡之情，流淌其间悠悠的平和之性所感染、所激动。一时忘乎所以，也就信笔胡诌开来。

　　漳州布袋木偶戏闻名遐迩，是中国戏剧百花园中一朵绚丽的奇葩。郭沫若先生当年观看演出后曾当场赋诗赞誉："创造偶人世界，指头灵活十分。飞禽走兽有表情，何况旦生丑净。解放以来出国，而今欧美知名。奖章金质有定评，精上再求精进。"2005年，不仅漳州布袋木偶戏被列为首批国家级"非遗"项目，其布袋木偶雕刻也被列为首批国家级"非遗"项目。一个剧种同时拥有两个国家级"非遗"项目的并不多见。2012年，漳州布袋木偶戏还被列入世界文化遗产名录。不过，漳州布袋木偶戏虽然蜚声海内外，但其传承者、操控者、雕绘者、经营管理者、组织演出者、技艺接受者等，他们的人生轨迹、艺术道路、志趣爱好、个性追求，却鲜为人知。或者说，没有人如此近距离地去关注他们，系统完整地去记录他们的欣喜与忧伤、困惑与茫然、荣耀与酸楚、坚守与舍弃。他们只知耕耘，不问收获，默默无闻。

　　高舒带着尊敬、带着虔诚，更带着一腔的热情，走进了创造偶人世界的这群人中，以女性特有的细腻和敏锐，捕捉每个人的特质，翔实又不失简洁，委婉又不失机趣，记述中有比照、有思考，勾勒出一幅幅栩栩如生的人物素描。人中有偶，偶中有人，戏里戏外，台上台下，人人皆似被布袋木偶戏所牵引，乐此不疲，乐在其中。父传子，女承父，生生不息，薪传不止。让人不由感叹布袋木偶戏之魅力无穷，无怪乎她每每谈及，便眉飞色舞，满是崇拜。

　　书中不仅记录了一群生动鲜活、触手可及的"弄尪仔"人，还梳理出他们的传承脉络，透过他们各不相同的掌上春秋，可以看到属于他们这一行的共性和特性。或许，他们本身都不曾意识到，抑或不曾意识得如此清晰。似乎一句各有各的绝活，多少可以传达出只可意会不可言传的意境。此外，漳州布袋木偶戏的发展轮廓也在看似不经意间明了起来，一切尽在口述中。书中还附录有漳州布袋木偶戏福春派传承谱系表、漳州木偶剧团近十年招录人员、年龄、学历名单，不一而足。

　　应该说，如此全景式地展现漳州布袋木偶戏的人文风貌，就我之愚陋，是为仅见。本书无疑为开展漳州布袋木偶戏的研究、传承和保护，留下了不可多得的第一手材料。字里行间，不难看出高博士的用心和勤勉、专业与严谨，记得有位伟人曾说过："世上无难事，只怕有心人。"信焉！

　　如今地方优秀传统文化，多如明珠淹埋尘土，需要无数的有心人去发现、去清理、去呵护，方能折射出夺目的光彩。但愿有更多的高博士，投身其间，以所学之长，尽绵薄之力，地方优秀传统文化必能绵延不绝，熠熠生辉。

　　浅知拙见，贻笑大方，聊以为序。

王文胜

2016 年春书于芗城

（王文胜，国家一级编剧，中国戏剧家协会会员，福建省武夷剧社社员，漳州市戏剧研究所所长兼漳州市芗剧团团长。从事戏剧创作 20 多年，创作十多部戏曲剧本以及小品小戏、曲艺、闽南语歌曲等。其中整理芗剧《保婴记》获第十三届中国戏剧节优秀剧目奖、中宣部"五个一工程奖"，创作作品越剧《才女鱼玄机》获第 21 届田汉戏剧奖剧本二等奖及福建省第 24 届戏剧会演剧本一等奖，京剧《大唐才女》获第六届中国京剧节银奖，芗剧《黄道周》获福建省第 25 届戏剧会演剧本一等奖，越剧《海丝情缘》获福建省第 26 届戏剧会演剧目一等奖，芗剧《谷文昌》获福建省第 26 届戏剧会演剧目二等奖。在《剧本》《福建艺术》等刊物上发表《风景这边独好》《舞台是剧本的最终归宿》等论文多篇）

目 录

一

记传统
——大师云集 『北派』开立

介绍

布袋木偶戏为我国木偶戏的一种，即套在手掌上表演的手套式木偶戏，简称"布袋戏"，亦名"掌中戏"。布袋木偶头、手掌与足靴都用樟木雕刻，偶头中空，偶身的躯干与四肢用布料连接，另加头盔和戏服。双手双偶表演时将手掌各套入一个戏偶的服装中，食指支撑木偶头，拇指和中指等四指支撑木偶双臂；单手单偶表演时，另一只手可协助表现偶的腿部动作。闽南地区是现今我国布袋木偶戏的流行区域，现有研究常称其"源于晋，兴于明"，"源于晋"观点出自晋·王嘉所撰《拾遗记》的记载。

七年。南陲之南，有扶娄之国，其人善能机巧变化，易形改服，大则兴云起雾，小则入于纤毫之中。缀金玉毛羽为衣裳，能吐云喷火，鼓腹则如雷霆之声。或化为犀、象、狮子、龙、蛇、犬、马之状。或变为虎、兕，口中生人，备百戏之乐，宛转屈曲于指掌间。人形或长数分，或复数寸，神怪欻忽，炫丽于时。乐府皆传此伎，至末代犹学焉，得粗亡精，代代不绝，故俗谓之婆候伎，则扶娄之音，讹替至今。①

但笔者回溯王嘉《拾遗记》原书时，发现"源于晋"其实是一个长期存在的谬误，错在将"扶娄之国"奇人巧艺的发生时间"七年"置入了志怪小说《拾遗记》的成书时间，即东晋十六国时期。通读上下文，王嘉在《拾遗记》中所述"七年"，实际记述的是"（周成王）七年"，也就是说扶娄国的"指掌""人形""婆候伎"的发生时间不是东晋，而是上古周成王时期。据此，笔者提出了漳州布袋木偶戏可能从相邻的广东博罗附近（原"扶娄国"）传入，后受到漳州当地士绅喜爱京剧昆曲的影响，发展出了"北派"表演风格的观点，因此漳州"北派"布袋木偶戏与北方的

---

① 晋王嘉撰，梁萧绮录，齐治平校注. 拾遗记 [M]. 北京：中华书局，1981：48 – 54.

扁担戏、福建泉州的提线木偶戏有可能存在关联，但也相互独立。详见拙著《北调南腔——漳州布袋木偶戏的执守与嬗变》一书首章"源流考辩"一节。

笔者虽有漳州布袋木偶戏源头在广东博罗附近（原"扶娄国"）的观点，但布袋木偶戏传入漳州的时间依然没有明确记载。据漳州地方志书，唐总章二年（669）归德将军陈政及其子陈元光率兵入闽，唐垂拱二年（686）建制漳州，漳州成为闽南的政治文化中心。[1]建州至今 1 300 多年，漳州人文荟萃，保持着"海滨邹鲁"美誉，又是台胞的主要祖居地和著名侨乡，也使漳州的布袋木偶戏深刻地影响了台湾与东南亚的偶戏团体。

据清·沈定均主修《漳州府志》卷三十八《民风篇》记载，南宋绍熙元年至三年（1190—1192），宋代理学家朱熹任漳州知州时曾作《谕俗文》"劝谕禁戏"："约束城市乡村，不得以禳灾祈福为名，敛掠钱物，装弄傀儡。"[2]朱熹在专文中，以"装弄傀儡"一词，言及木偶戏剧活动，并要求予以"约束"，管治地方，恰恰说明了南宋时期漳州当地兴起的木偶活动已经很普遍，且有继续发展之势，而且很有可能就是布袋木偶表演。

再据南宋庆元三年（1197）漳州知府陈淳[3]的《上傅寺丞论淫戏书》记："当秋收之后，优人互凑诸乡保作淫戏，号'乞冬'，……逐家搜敛钱物，豢优人作戏，或弄傀儡，筑棚于居民丛萃之地，四通八达之郊，以广会观者……谨具申闻，欲望台判散榜诸乡保甲，严禁止绝。"[4]可见当时的"弄傀儡"已经与当地的民俗生活紧密联系，甚至形成了"乞冬"的专

---

① 唐代刺史陈元光在《漳州新城秋宴》中就有"秦箫吹引凤，邹律奏生春；缥缈纤歌遏，婆娑妙舞神"之句。至唐中宗景龙二年（708），当地出现了福建全省第一家书院"松州书院"，讲学屡兴不止。宋绍熙元年（1190），花甲之年的朱熹出任漳州知州，传学授教，名流迭出。明清有黄道周、蓝鼎元、张燮等，近现代又出现了许地山、林语堂、杨骚等著名文学家以及芗剧（又称"歌仔戏"）一代宗师邵江海。

② 见《四库全书》集部别集类，南宋建炎至德祐朱熹《晦庵集》卷一百。

③ 受业于朱熹。

④ 该文字见之于《上傅寺丞论淫戏书》。中央研究院历史语言研究所傅斯年图书馆藏抄本，《北溪先生大全文集》［至元元年（1335）序］，卷47，第9-10页。因属馆藏宋代抄本，未出版，暂不录入参考书目。

有称谓。"弄傀儡"与漳州当地一直以来称呼布袋木偶戏表演的说法"弄尪仔",共享一个"弄"字,说明了表演形式的基本一致性,也隐含了表演对象的一致性。而"弄傀儡"与"优人作戏"长期共同存在,混合演出,又说明当时的布袋木偶表演很可能已经具有了"戏"的基本要素,与"人戏"仅存在台上的演员是偶而不是真人这一区别;至于"豢优人""筑棚""居民丛萃""广会观者",说明当时福建漳州府一带木偶戏的专业程度、薪资待遇、配套设施、观众情况。而这些要素有了保证,意味着漳州布袋木偶戏在宋代已经逐渐成熟。

至明万历《漳州府志》有记载:"元夕初十放灯至十六夜止,神祠用鳌山置傀儡搬弄。"说明了明万历年间漳州木偶戏已颇兴盛,值得注意的是,此中所言"傀儡"只能明确是木偶戏,却尚不宜断言为布袋木偶戏。此后,对漳州当地木偶戏、布袋木偶戏的历史资料出现了中断。

尽管缺少可佐证的历史资料,老艺人们仍然认为,漳州布袋木偶戏于明末清初在当地盛行,《漳州文化志》沿用此说。在此笔者尝试以时间推导,证其合理性。漳州布袋木偶戏"福春派"传承较盛,根据该派前后七代的传承谱系,第二代传人杨月司出生于1801年,即19世纪初年,可推测第一代创始人陈文浦,应生活在18世纪。考虑到当时与"福春派"同时存在的漳州布袋木偶戏流派已有多个,如"福兴派""牡丹亭派"(后"牡丹亭派"并入"福兴派")等,而剧种从兴起到流派形成、百花齐放、百家争鸣,应该历经上百年时间,可推知漳州布袋木偶戏应于17世纪前后在当地兴盛。可见,口传漳州布袋木偶戏盛行于明末清初,是可以成立的。

经历漳州布袋木偶戏在清朝时期的鼎盛阶段,艺人吸收本地流行的京剧、昆曲、潮剧等剧种特点,发展了布袋木偶戏剧目、音乐、木偶造型、身段、动作、唱念等方面的技巧,终使布袋木偶戏成为与提线木偶戏、铁枝木偶戏鼎足而立的重要木偶戏种。民国十年(1921)前后,据传"福春派""福兴派""牡丹亭派"三派班社数量达到了100多个,仅龙溪、海澄等地就有福春派"恒福春"等13班,福兴派"金童兴"等5班。这种轻便灵活、小巧细腻的布袋木偶戏,占尽规模小、戏金低、表演妙等优势，盛行于福建省的漳州、泉州一带，并随着闽南人民出洋活动，如民国十九年（1930），"金童兴"一班就曾应侨胞之聘，远渡实叻坡（新加坡）、缅甸仰光一带演出 3 年之久。就这样，漳州布袋木偶戏逐渐遍及中国台湾和东南亚各国，成为当地华人社会文化的重要组成部分。

抗日战争期间，时局动荡，社会不安，经济萧条，布袋木偶戏演出又长期受到统治阶层的限制和压抑，许多布袋戏艺人纷纷改行，有的弃艺经商，有的改行"讲古（故事、掌故）"，有的返乡务农，走向衰落。到1949 年前，漳州布袋木偶戏艺人虽在，但木偶戏演出几乎已销声匿迹。

漳州布袋木偶戏表演大师郑福来

漳州布袋木偶戏表演大师杨胜

漳州布袋木偶戏表演大师陈南田

1951 年 5 月，福建龙溪县①率先成立"南江木偶剧团"，郑福来为团长，陈南田为副团长。1953 年，漳浦县成立"艺光木偶剧团"，杨胜为团长。后来龙海县海澄镇的庄饭、龙溪县的吴长元、长泰县的蔡清根、市区的韩如陶等木偶艺人相继组团。1954 年，杨胜参加福建省全省戏剧会演获得了一等演员奖，当年 8 月，漳州市南江木偶剧团和漳浦县艺光木偶剧团联合参加华东地区戏曲观摩演出，杨胜获得了特种艺术表演奖。1955年，杨胜、陈南田参加全国皮影木偶会演，杨胜获得优秀演员奖。同年，在党和政府的重视及周恩来总理的关怀下，杨胜、陈南田被文化部延请至北京中央戏剧学院木人戏研究组，作为教练聘入当年成立的中国木偶艺术剧团，留京三年，教授了中国木偶专业的第一批学生，培养出中国木偶艺术剧团的第一批演员。

---

① 1951 年 6 月，龙溪县城关一区、二区设漳州市，即今漳州市芗城区。

1958 年前后，杨胜、陈南田返回故乡。陈南田回到南江木偶剧团，杨胜到龙溪专区艺术学校主持木偶科教学。1959 年 3 月，"南江"与"艺光"两个剧团合并，成立了由当地文化部门主管的"龙

漳州市木偶剧团

溪专区木偶剧团"，杨胜任团长，郑福来任艺术顾问。1968 年，龙溪专区更名为龙溪地区，剧团同步更名为龙溪地区木偶剧团，1985 年，经龙溪地区"地改市"，成为现在的"漳州市木偶剧团"。这个剧团的成立，吸纳了当时漳州当地最为出色的一批布袋木偶戏知名艺人、乐师和雕刻师等，引领该戏在偶形雕刻、操作表演、音乐奏唱、舞美灯光等方面逐步定型。

福建省内布袋木偶戏早期已有南北不同之实，以"梨园掌""京班体"来区分风格，但并未使用南北派别之名。1960 年以后，受少林武术南北派别叫法的影响，民间开始称之为南派布袋戏、北派布袋戏。南北两派都在闽南地区，但表演技巧、音乐锣鼓、唱腔道白等方面各有不同。泉州晋江的南派布袋戏与本地南管梨园戏风格一致，而漳州布袋戏却在闽南地区所有戏剧中因北派特点而独树一帜。其木偶头造型体态略大、雕刻写实中略带夸张，整体风格粗犷大气，脸谱绘制和服装图样也参照京剧，略加变化；木偶表演模仿京剧的程式化动作，手指技巧丰富，不论长靠对打还是短刀戏，动作皆干净利落，善于刻画人物性格；音乐方面，除了传统剧目以京腔京调说唱，偶有京调杂以闽南语道白之外，如今也灵活加入芗剧、潮剧或现代创作音乐；打击乐伴奏方面，则一直以来完全遵照京剧锣鼓，节奏明快强劲，富有浓厚的北方韵味。作为一个南方剧种，漳州布袋木偶戏里植入了多方面的北方元素，正是这一点不同，才使福建布袋木偶戏形成了耐人寻味的南北之分。

基于派别特点的不同，漳州布袋木偶戏在剧目选择和表演内容上也显

电影《中国的木偶艺术》中的漳州布袋木偶戏
（1956 年摄）

示出了独有的北派表演风格。传统布袋木偶戏的表演，遵从木偶戏"以木为偶，以偶做戏"的特点。布袋木偶戏表演时，艺人以手掌由下而上套入偶身部分的布套，食指托头部，其余四指分别操纵木偶的两臂。单手操作时，另一手辅助腿部动作，也可双手同时操控两具性格截然不同的偶人，做出舞刀、骑马、射箭等高难度动作。由于南派布袋戏基本是真人唱腔的翻排，因此注重演好文戏，对木偶演员的手指技术要求不高，有直接持偶表演、唱戏的传统。相比之下，漳州的北派布袋戏把北方剧种的锣鼓配合上复杂的武打动作戏作为立派基础，所有演员注重演好武戏，强调苦练手指基本功。他们必须在十五岁前手指骨头尚未定型时学起，至少经过六年的劈指等基本功训练之后，再在师父的带领下经过近十年的跟团磨炼，才算技艺纯熟。

论及漳州布袋木偶戏，杨胜、郑福来、陈南田无疑是该戏"北派"传统的代表人物。正是他们于新中国成立之初就赴国际赛场揽金夺银的辉煌战绩，才在全国木偶界内树立了漳州布袋木偶戏和漳州市木偶剧团的翘楚地位。他们建校、建团，培养专业的漳州布袋木偶戏后继者的思路，直到今天看来，仍然是漳州布袋木偶戏"北派"风格承续的关键保证。

短剧《大名府》剧照（2005 年摄）

传统剧《雷万春打虎》剧照（2005 年摄）

（一）杨胜一脉

简介

杨胜（1911.正月—1970.5）

男，汉族，福建漳浦人。漳州布袋木偶戏表演大师，福春派第四代传人。他出生于布袋木偶戏世家，十四岁便有"孩子头手"的美称。继承父亲"戏状元"杨高金的技艺传统，又博采众长，吸收各家木偶戏流派的精华和京剧、昆曲等其他剧种的表演艺术，擅长表演"金殿戏"，也称"大甲戏"。杨胜的木偶表演善于刻画人物性格，动作明快，节奏感强，富含京剧韵味，是福建"北派"布袋木偶戏艺术的杰出代表。先后被选为全国文联理事，中国戏剧家

杨胜

协会理事，福建省戏剧家协会副主席、常务理事，两次获得全国劳动模范，被苏联聘为苏联戏剧家协会名誉会员。

1953年，他在漳浦县成立"艺光木偶剧团"，任团长；1955年，参加全国皮影木偶会演，获得优秀演员奖，同年，受文化部邀请到了北京中央戏剧学院木人戏研究组，被聘为中国木偶艺术剧团教练，培养出该团第一批演员；三年后即1958年，他回漳浦主持创办了龙溪专区艺术学校木偶科；1959年，其"艺光木偶剧团"并入新组建的"龙溪专区木偶剧团"（现漳州市木偶剧团），任团长；1960年，同中国木偶艺术剧团赴罗马尼亚布加勒斯特参加第二届国际木偶与傀儡戏联欢节，他与陈南田主演的《大名府》《雷万春打虎》双双获得表演一等奖，各得一枚金质奖章。他有子女多人，长子杨亚州、二子杨烽、三子杨辉等，皆投身漳州布袋木偶戏事业。

杨亚州（1949.8—　）

杨亚州

男，汉族，福建漳浦人。杨胜长子，杨烽、杨辉之兄。出生于布袋木偶戏世家，9岁随父亲杨胜学习木偶表演技艺，继转随伯父杨续木学习木偶头雕刻，后拜北派木偶雕刻大师许盛芳为师。2010年被认定为福建省第二批省级非物质文化遗产项目"漳州木偶头雕刻"代表性传承人。

1958年，就读于漳州艺术学校美术科。1972年，就读于福建师范大学中文系，兼修美术。1975年，大学毕业，回漳州工作。先后任漳州四中教师、华侨中学教务主任、漳州木偶艺术学校教师、上海戏剧学院第一届木偶班（木偶制作）教师，现受聘于厦门市艺术学校，任木偶雕刻专业教师。

采访手记

采访时间：2015 年 12 月 11 日、12 月 14 日
采访地点：漳州市漳州一中宿舍、杨亚州家
受访者：杨亚州
采访者：高舒

没有杨家的漳州布袋木偶戏，是缺少标志的布袋木偶戏。从福建省漳州市漳浦县佛昙镇大白石村走出的杨氏，是漳州布袋木偶戏"福春派"的集大成者。从"福春派"第一代传人杨乌仙从业算起，仅两百余年的传承，已传至第八代。杨胜是杨家的第四代布袋木偶戏传人，是漳州布袋木偶戏"北派"风格的一代宗师。正是杨胜及其二子杨烽带领诸位高徒斩获各项国际大奖，才为漳州布袋木偶戏、漳州市木偶剧团的发展闯出一条通途。

在祖传数代的布袋木偶表演世家里长大，杨胜的长子杨亚州却没有像先祖、父亲、弟弟们一样从事木偶表演。在父辈的潜移默化之下，他 9 岁学习木偶表演技艺，却对木偶头雕刻更情有独钟。于是，他执起了木偶头刻刀，先跟伯父杨续木学习，继而拜北派木偶头雕刻大师许盛芳为师。由于继承了许盛芳的粉底研磨和特制胶水的配方，他雕刻的木偶头不易开裂，粗犷而不失精细，极具北派特点。他谦虚地说自己"无戏骨"，演不好布袋木偶戏，可是脱不开木偶戏的因缘，唯一钟爱的美术雕刻，也离不开木偶。所以几经改行波折，最终还是走回了布袋木偶雕刻师的道路。

走进杨亚州老师的家，扑面就是阵阵醒人的樟木清香。我发现他和我之前接触过的漳州布袋木偶戏人有一个不同点，他是那个年代漳州布袋木偶戏圈子里罕有的大学生，而且居然学的还是中文专业。他说，回忆起杨家几代人，人人都与漳州布袋木偶戏的历史紧密关联，又不断地延续着新的历史。

笔者采访杨亚州（2015年，姚文坚摄）

木偶舞台上的假戏真做，并不总像观众们看来那么欢乐，即便是杨家老一辈人参与其中的人神共乐，也不过是布袋木偶戏人在沉重生活压抑下的心情释放。父亲杨胜一辈子硬骨头，他告诫杨亚州和其他子女们，没本事的人说这行苦，那是因为没戏演；有本事就苦不到哪儿去，因为大家永远求着你演。

漳州布袋木偶戏对杨家人来说，本只是生活的依靠，谁想却伴随着布袋木偶戏进入剧场，授教京城，创校建团，扬名国际，再历经"文革"之变，风波乍起，曾经沧海，波澜不惊。杨家，是那个年代漳州布袋木偶戏新老几代人的缩影，人说他们的艺术巅峰至今无人超越，正因为他们在布袋木偶戏里演尽了人生的苦辣酸甜。

杨亚州口述史

高舒采写、整理

我的祖辈

我们杨家，是漳浦县佛昙镇大白石村的人。一家几代都是布袋木偶戏的演员，从我父亲的曾祖父杨乌仙（1801—卒年不详）开始，传给我的曾祖父杨红鲳（生卒年不详）、我的祖父杨高金（生卒年不详）和祖父的兄弟杨遏水。我的爷爷杨高金被漳浦的老百姓们称作"戏状元"。我的父亲从五六岁开始，就在爷爷杨高金的亲自教导下，学习布袋木偶。因为年纪很小，加上家学的渊源，再有自身的刻苦学习，到十岁的时候，父亲杨胜就已经成为爷爷杨高金的二手，开始正式表演漳州布袋木偶戏。

漳州布袋木偶戏要求把手指头练得非常灵活，可是当时学漳州布袋木偶戏的人没有什么科学的训练方式。唯一的训练，就是用冷水来刺激手指关节，然后练动作把手练热，再用冷水刺激手指关节，就这样一来二去，锻炼手指，此外还有很多规定的课程。后来我父亲在回忆这些的时候常说，当时爷爷的要求非常严，第一遍看戏就要认识整出戏的每一个角色；第二遍看戏就要知道分场，哪一出戏要用什么样的人物；第三遍看戏就必须要把说唱道白全部掌握；而后继续在看演出的时候再练习、琢磨。也就是这样一步一步，父亲在十来岁的时候，就继承了爷爷杨高金所掌握的"福春派"布袋木偶戏表演传统。

爷爷杨高金对父亲杨胜的基本功训练非常严格，脾气也比较火爆。父亲14岁的时候，在一次外地演出回来后，爷爷又因为照顾饮食起居的小事大为光火，父亲性格也刚强，当晚遂黯然出走，离开了家人。

我的父辈

离家，意味着我的父亲要靠着布袋木偶戏的表演自立门户。从此，14

岁的他开始自己当头手,独闯闽南各地,演出布袋木偶戏,由于年纪很轻又掌上功夫了得,很快他就被大家称为"孩子头手"。

精益求精

在同安县演出的时候,因为我父亲的布袋木偶戏演得好,当地老板竭力想将他留住,便介绍他在当地一户富裕人家入赘。成家之后,他平日里还是以表演布袋木偶戏为业。后来由于日军侵华,不许演戏,布袋木偶戏的生计也就停了下来,英雄无用武之地。我父亲不擅长做其他营生,家里长辈颇有些冷言冷语。他又是个刚烈的性子,受不了,便与这家说清,大家各自过日子。之后,他回到了漳浦,后来在老家再次成家,育有(我)、杨烽、杨辉我们兄弟三人。

正因为我父亲是民间艺人出身,自小家里几代人也都走南闯北地演布袋木偶戏,所以,他对市井生活的酸甜苦辣,对所表演的各色人物都有很深的体会,再加上他观察事物比较仔细,所以表演起来惟妙惟肖,非常生动。在个人的漳州布袋木偶戏表演过程中,他在汉剧的基础上吸收了京剧的表演形式,并且观摩了大量的京剧演出,自己又结合布袋木偶戏的特点,用心刻画人物,不断创新,逐渐地塑造了突出的"北派"表演风格。

作为一个对艺术追求尽善尽美的人,我父亲对平日里的每一场戏都要多次修改,一直到彻底满意了才演出。尤其是新中国成立之后,艺人得到尊重,长期在社会底层摸爬滚打的压抑终于得到释放,他的偶戏技艺更是达到了炉火纯青的境地。

1953 年他在漳浦县成立"艺光木偶剧团",任团长。1954 年他参加福建省全省戏剧会演获得了一等演员奖后,被选送参加华东地区戏剧会演又获得了特种艺术表演奖。在上海比赛期间,他为了更好地塑造《雷万春打虎》里面的动物形象,曾经无数次地跑到上海动物园去看老虎;而为了把书生开合雨伞的动作设计成功,父亲又整天把自己关在河北沧州饭店,在客房里制作道具、模拟演出。他创造出的布袋木偶戏的每一个经典动作,都是经历无数次的失败才获得成功的。正因为他自己对待木偶表演非常认

杨胜在上海电影制片厂拍摄电影《中国的木偶艺术》（1956年摄）

真，下了很多功夫，所以大家都认可他表演的布袋木偶角色，说布袋木偶一套到他手上就好像有了生命一样。

1955年父亲参加全国皮影木偶会演，获得优秀演员奖，被聘入当年成立的中国木偶艺术剧团，作为教练，在北京教授学员三年，为中国木偶艺术剧团培养了第一批演员。现在中国木偶艺术剧团的经典大戏《大闹天宫》还保留着用布袋木偶表演的传统。

1956年和1957年，他与陈南田等人加入了中国木偶艺术剧团，这是新中国成立后首例出国的木偶团，先后两次到苏联、捷克、波兰、法国、瑞士、南斯拉夫、匈牙利、蒙古等国家进行访问演出。回国后，我父亲在1957年出席了全国文化先进工作者代表会议。

返乡执教

1958年前后，父亲和陈南田在中国木偶艺术剧团任教结束，离开北京回到漳州，先是参与组建了龙溪专区艺术学校木偶科并任教，其后1959年3月，艺光木偶剧团并入"龙溪专区木偶剧团"，父亲任团长。1960年，他在艺校招收的第一批木偶班学员毕业，全部进入了龙溪专区木偶剧团；他出席了在北京召开的全国文教战线群英会；9月，他代表国家参加了第二届国际木偶与傀儡戏联欢节比赛，他和陈南田主演的《大名府》《雷万春打虎》双双获得表演一等奖，各得一枚金质奖章。

杨胜参加全国木偶皮影调演（1960年摄）

杨胜（左四）获得罗马尼亚布加勒斯特第二届国际木偶与傀儡戏联欢节比赛表演一等奖（1960年摄）

在龙溪专区艺术学校和木偶剧团执教与表演的几十年里，父亲总结了漳州布袋木偶戏各家表演的特长，对布袋木偶戏的表现方式进行创新和定型，其京派锣鼓、武戏动作及部分京腔京调，带有很浓厚的京剧韵味，加上他学习了京剧的程式化动作，专研表演长靠对打和金殿戏、抒情戏的绝技，把角色拿捏得准确到位，倾力发扬了漳州布袋木偶戏表演的"北派"风格，最终奠定了他在全国木偶界的大师地位。

我父亲先后四次出国献艺，屡获殊荣，并先后获得了两次全国劳动模范。他主演的木偶传统剧目《蒋干盗书》《雷万春打虎》《大名府》《抢亲》《浪子回头》，曾经在那个年代被四次搬上银幕，拍成《中国的木偶艺术》这部电影。另外，由上海美术电影制片厂专门为他个人拍摄的《掌中戏》，记载了他的舞台艺术精华。他在龙溪专区木偶剧团期间，塑造的李逵、郑成功、雷万春、蒋干等众多艺术形象，迄今仍然是剧团的看家戏。

但是在"文革"期间，我父亲被列为"反动学术权威"，又因曾在1964年随国家主席刘少奇访问印度尼西亚而成了"刘少奇文艺黑线人物"，被打倒在地，连遭批斗游街。1969年，他在漳州市郊小坑头学习班的"牛棚"里病得很厉害，我又在长泰县当知识青年接受再教育，后来好不容易才把他送进医院。1970年5月的一天，医生通知家属，说我父亲

杨胜在上海美术电影制片厂拍摄电影《掌中戏》（1962年摄）

不行了。我和我二弟日夜陪着我父亲。5月13日（农历四月初九）凌晨，他老人家从病床上爬起来，口中只有一句话："我要演戏！我要演戏！"我和弟弟拉住他，慢慢地，他不再喊了，不挣扎了，安静了，享年60岁。那年，我22岁在农村下乡，二弟杨烽19岁在剧团当演员，妹妹15岁，两个弟弟（双胞胎）才6岁。1979年11月，在全国第四次中国文学艺术工作者第三次代表大会上，全国文联主席向受四人帮迫害逝世和身后遭受

电影《掌中戏》演职员合影（1962年摄）

诬陷的作家、艺术家们致哀,并宣读了168名作家、艺术家的名单,我父亲名列其中。

父亲一生收了很多徒弟,在北京的时候更是创建了中国布袋木偶戏的现代艺术教育体系,除了中国木偶艺术剧团、上海木偶艺术剧院、龙溪专区艺术学校漳州木偶科的学生,父亲还曾经收过一个叫宫原大刀夫的日本弟子。他是日本东京齿轮座话剧团的木偶表演艺术家,一直通过外交途径恳请我父亲通过函授的方式来教授他木偶技艺,1970年这位日本弟子来华为周恩来总理等国家领导人演出后,刻意提请、落实并于隔年专程抵达漳州拜祭师傅,虔诚地在我父亲的遗像前,按照中国传统行三跪九叩的大礼。

我的弟弟

父亲的木偶艺术得到了他的学生们和我们这些子女的传承,甚至可以说漳州布袋木偶戏的表演强在"福春派"杨氏一脉,而现在漳州市木偶剧团的优势也就在于一直较好地保护、传承、创新了杨胜一派木偶表演的技艺。

我的二弟杨烽是著名的木偶表演艺术家,"文革"期间,1972年左右,因为我父亲的"政治问题",我二弟在木偶剧团抬不起头,演戏都轮不着他。那年,刚好叶剑英元帅到福建调查,他喜欢看木偶戏,点名要看漳州布袋木偶戏。当时剧团的木偶戏《智取威虎山》在排练,是一位女演员表演杨子荣,部队军代表不满意,说:"还有谁能演杨子荣!"目光都集中在我弟弟杨烽的身上。军代表说:"小杨你试演一段'打虎

杨胜与杨烽在上海美术电影制片厂拍摄电影《掌中戏》(1962年摄)

上山'。"我父亲获得世界木偶比赛金奖的拿手好戏就是《雷万春打虎》，我弟弟把马、老虎，还有杨子荣轮番上演，博得满堂喝彩。那天，正好漳州军分区司令来看戏，他站了起来，指着我弟弟说，"就由他（杨烽）演杨子荣"，一锤定音。在福州军区大礼堂演出时，叶剑英元帅看了开怀大笑，连声说："好！好！"在接见演员时，叶剑英元帅说："以前我在北京也看过漳州布袋木偶戏，印象很深，有个老艺人也演老虎，功

杨烽

夫非常了得！"我弟弟说："那是我爸爸！"由于这段因缘，杨烽的艺术命运开始好转。

后来，杨烽逐步担任了漳州市木偶剧团的副团长、中国木偶皮影协会副会长，主抓业务。他在布袋木偶的专业表演方面非常认真和执着，精益求精。他在漳州木偶艺术学校和漳州市木偶剧团，都带出了一大帮非常出色的学生。

杨烽参与了漳州布袋木偶戏的一些电视、电影的制作，在木偶剧电影《八仙过海》，木偶电视连续剧《岳飞》《李逵打虎》等里面都有很精湛的表演，还拍摄了电影《擒魔传》等，塑造了岳飞、李逵、吕洞宾等角色，1989年离开剧团出国，后来辗转到了美国。

杨烽在10集木偶电视剧《岳飞》中饰演岳飞（1985年摄）

电影《八仙过海》演职员合影（1982年摄）

杨烽与詹同在漳州探讨电影《擒魔传》（1986年摄）

杨辉

我的三弟杨辉，其专长是表演布袋木偶丑角，在木偶雕刻上也有自己独特的风格。杨辉10岁就开始跟着杨烽学习布袋木偶戏，13岁考进了福建艺术学校漳州木偶班（即漳州木偶艺术学校），14岁参加了木偶剧电影《八仙过海》、木偶电视连续剧《岳飞》等的木偶表演，23岁与漳州市木偶剧团一同访问加拿大、日本，后来又到巴西和西班牙演出，还参加了很多的外事文化交流活动。1989年后，他跟着杨烽离开剧团，曾在南美洲流浪，后来滞留香港。他在香港处处受人排挤，只好拼命找机会参加国外的艺术节，后被一个犹太朋友推荐到法国演出，才稳定下来，现定居欧洲。

近年来，他经常在美国纽约、香港等地演出以杨家布袋木偶戏人为题材的剧目——《戏偶人生》，也受到法国国家艺术中心邀请，担任艺术总监和斯特拉斯堡（T.J.P）木

杨辉编演以杨家从艺经历为原型的剧目《戏偶人生》

偶剧院的主演,他所主演的木偶剧《六月雪》和《堂吉诃德》在欧洲盛演不衰,而且这两部戏里面的木偶造型都是他雕刻的,可以说是中西合璧,堪称一绝。

情系偶雕

我是杨胜的长子,9岁的时候就跟着父亲开始学习木偶表演,但是我性格内向,觉得家里几个兄弟里,两个弟弟的表演都太出色了,审视自己总觉得"无戏骨",表演布袋木偶戏还是他们在行。也许是受到传统艺术的影响吧,我还是更喜欢美术,也随伯父杨续木学习过木偶头雕刻。

1958年,我考进了漳州艺术学校美术班,当时我的美术启蒙老师是浙江美术学院国画系毕业的沈翰青,他是国画大师沈柔坚的同学加老乡。他教我画泼墨山水,还让我参加当年的全市书画比赛,我的当场作画把大家都惊呆了,心想一个小孩子怎么会画这种格局的画,出其不意首战获奖。1969年到1972年,我上山下乡到长泰县插队落户,务农间隙,我是出了名的知青画家。当时村里和公社要搞什么政治宣传、黑板报,全是我的活儿,一定要我写美术字、画刊头。我又为贫下中农画画像,特别是一些老农还有大妈们,这在当时是非常受贫下中农欢迎的。还有,当时村里有个砖瓦厂,泥土很多,我就去厂里搞"泥塑"。

1972年,福建师范大学招生,我也申请了,因为父亲"反动学术权

| 杨亚州与他雕刻的木偶头 | 杨亚州作品"关公" | 杨亚州作品"顺风耳" | 杨亚州作品"千里眼" |

杨亚州作品"四头天王"1　杨亚州作品"四头天王"2　杨亚州作品"孙悟空"　杨亚州作品"哪吒三太子"

威""刘少奇文艺黑线人物"的问题，我的政治审查受到影响。好在，我收到一封写有"漳州木偶转杨胜老师收"的信，信封上面写有"国务院办公室转办"，下面还有一行"日本齿轮座访华团宫原大刀夫寄"的字。全是日文，有十页信纸。翻译出来，大意是说："我叫宫原大刀夫，是东京一家木偶剧团的团长，1963 年在日本看过杨胜老师的电影《掌中戏》，就写信要留学拜师，由于当时中日两国关系还未恢复，我只能通过函授学到木偶戏的表演，最后自己成立'铜锣'木偶剧团。现在我作为友好人士，受周恩来总理邀请，来华访问，受到周总理的接见。我提出要来福建拜见师傅，因受条件的限制，未能如愿……"我把这封信交给有关部门，在漳州文艺界引起很大反响。正是这封事关国际友谊的信，让我通过了政治审查。就这样，1972 年我被福建师范大学录取入学。

我希望继续学习美术，谁知阴错阳差地把我招入了中文系。几番转系无门，最后我就想了个笨办法，自己辛苦一点，一边学中文，一边到美术系去旁听。可能得益于自己的艺术功底，我旁听的课程成绩有的甚至超过了美术专业生。

1975 年大学毕业，我到了漳州四中教学，先是主教语文兼教美术，后逐渐转为专职的美术老师。正是在漳州四中任教期间，木偶雕刻大师许盛芳 1979 年从厦门退休返回龙海石码家中，我便利用寒暑假和周末，前往石码拜师求艺，学习木偶雕刻。许老师坦诚相告："许家的木偶雕刻一直是只传给许家人的，但是我和你的父亲杨胜是好兄弟，所以我雕刻的时候，你就来看着。你每次回去雕刻好了，就拿来给我看，我再给你指点。"我和许盛芳老师的师徒情分终于结成正果。

1984年，我工作调动到华侨中学担任教务主任，兼教美术，直到2009年退休。在华侨中学期间，我也兼职在漳州木偶艺术学校教授木偶雕刻。2011年，上海戏剧学院第一届木偶制作班招生，我还受聘赴沪任教，主教布袋木偶、提线木偶、杖头木偶等的雕刻制作工艺。2013年起，我开始在厦门市艺术学校的木偶雕刻班从事教学。

（二）郑福来一脉

简介

郑福来（1899—1965.1）

男，汉族，福建龙海人。福春派第三代传人。11 岁在本村"锣鼓间"学习打击乐，13 岁出师，在其兄郑添池的布袋木偶戏班当乐手，向福春派第二代传人洪和尚学习表演，向戏班木偶雕刻师傅蔡金钟学习木偶雕塑、粉彩技艺。他表演技术全面，演出的木偶形象生动、性格鲜明、动作灵活，尤其语言深刻风趣，道白幽默，其戏剧语言在闽南一带久负盛名，逐渐奠定了自己的风格。他口述记录的大量幕表戏（即口述本）传统剧目全本戏、连台本戏、坠子戏、折子戏，被载入《福建省戏曲传统剧目选》，业已成为漳州布袋戏不可多得的文化遗产。曾被选为福建省文史研究馆馆员、漳州文化先进工作者、劳动模范。

郑福来

1951 年，他在漳浦县组建"南江木偶剧团"，任团长；1952 年，他和陈南田主演的《大闹天宫》被拍摄入中国第一部木偶艺术片《闽南傀儡戏》，该戏后由陈南田、杨胜在北京教学，成为中国木偶艺术剧团的经典剧目；1959 年，"南江木偶剧团"并入"龙溪专区木偶剧团"，他任艺术顾问；1960 年 9 月，作为中国文学艺术工作者第三次代表大会主席团成员，受到毛泽东、周恩来的接见并合影留念。1965 年，"文革"前夕病故。有子女多人，其中长子郑国根、二子郑国珍，皆从事漳州布袋木偶事业。

郑国根（1928—1988）

男，汉族，福建龙海人。福春派第四代传人。郑福来长子。从小随着父亲学习，擅长表演。1951年，加入"南江木偶剧团"；1952年10月，随团参加福建省第一届戏剧曲会演，12月进京参演的《大闹天宫》被拍摄入中国第一部木偶艺术片《闽南傀儡戏》；1959年，"龙溪专区木偶剧团"组建后，出任过剧团党支部副书记和演出队队长。1961年至1963年间，借调到龙溪专区艺术学校木偶科任教。1963年9月到12月，随剧团到印度尼西亚雅加达、泗水、万隆等8个城市作访问演出。1970年，因病提前退休，返乡龙海，直至去世。

郑国珍（1931.11—2004.3）

男，汉族，福建龙海人。福春派第四代传人。郑福来次子。自幼随父亲学艺，能担当演员、乐队演奏，还擅长配音配唱。1951年5月加入"南江木偶剧团"；1959年，"龙溪专区木偶剧团"组建后，既当演员又当后台乐队演奏，并兼配音配唱，担任过剧团演出队队长。1957年5月至6月，参加了中国木偶艺术剧团，应邀到法国、苏联、瑞士、匈牙利等6个国家访问演出，此后还担任漳州市木偶剧团演出队队长，多次率团赴国内各地巡演。1991年退休。2004年病逝。

郑青松（1960.8—　　）

男，汉族，福建龙海人。郑福来之孙。郑国根生子，后过继为郑国珍之子。新"南江木偶剧团"团长。1977年高中毕业后，到漳州罐头食品总厂工作，后工厂倒闭。先成立"青春艺剧团"，任团长，两年后难以维持。2008年8月，因自幼耳濡目染，对布袋木偶戏的演艺情有独钟，重建与祖父所立"南江木偶剧团"同名的漳州布袋木偶戏剧团，自任团长，承接漳州布袋木偶戏民间演出。

郑青松

采访手记

采访时间：2015 年 12 月 13 日
采访地点：漳州市北桥新村郑青松家
受访者：郑青松、陈亚春
采访者：高舒

　　平心而论，郑青松并不是科班出身，也没有经过系统的培训，但他是漳州布袋木偶戏表演大师郑福来血脉中目前唯一一个从事布袋木偶戏表演的后辈。听从父亲郑国珍"做戏头乞丐尾"的劝告，郑青松打小没碰布袋木偶戏。1977 年高中毕业后，他到漳州罐头食品总厂当了工人。工厂后来破产，一众工友都为生计彷徨，而他想到了自幼耳濡目染的爷爷郑福来留下的祖传布袋木偶戏。

　　2008 年 8 月 1 日，郑青松建立了新的漳州市南江木偶剧团，重拾祖业，自任团长。没有服装，没有木偶，没有伴奏乐队，一切都从零开始，连自己都是半路出家。一年忙乎下来，够供女儿读书，够一家人勉强过日。以前养活爷爷郑福来和父亲郑国珍的布袋木偶戏又成了他全部的生活来源。而他现在最昂贵的家当，就是购置的演出音响和舞台灯具。

　　在林龙潭、水仙花等漳州传统民间布袋木偶剧团都生存堪忧的年头，他的南江木偶剧团里，自己是头手，老婆陈亚春给

笔者采访郑青松及其妻陈亚春（2015 年，姚文坚摄）

他当二手，兼唱芗剧，乐师是几个雇来的七八十岁的老人。但他们挺满足的，有时甚至接到过一个月二三十场的演出。木偶剧团分给父亲的房子被拆，不久前他刚搬进出租屋，笔者里外看了一下他的"家"，外出演出的车就停在楼下，车上装满了他的布袋木偶家当，还有全团一起下乡打地铺的草席、被褥。

郑福来一脉是在漳州市区南面南门头九龙江边大桥头演布袋木偶戏起家的，如今他的嫡孙又回到了民间，做最草根的演出。技艺有别，心意如旧，这也是一种传统的延续。

笔者采访郑青松（2015年，姚文坚摄）

笔者采访郑青松等（2015年，姚文坚摄）

郑青松口述史

高舒采写、整理

郑家一脉

我的爷爷郑福来是漳州布袋木偶戏的表演大师，他 1899 年出生在龙海县（今龙海市）颜厝镇浦园村。这位"团仔师傅"，11 岁在本村"锣鼓间"学习打击乐，13 岁出师，在其兄郑添池的布袋木偶戏班当乐手，并拜"福春派"第二代传人、名艺人洪和尚学表演。后来成了一个前后台全能手，并逐渐形成了自己的风格，是当时漳州布袋木偶戏最受欢迎的艺人之一。

当时，布袋木偶戏一天之内要演日夜两场，老一辈的漳州本地人都看过他在大桥头的表演，据说他肚子里的布袋戏本子能讲几个月，且没有一天是重复的，以至于漳州布袋木偶戏同行陈南田都跑来拜他为师，跟他学习。当时漳州、龙溪一带的农民中甚至流传着这么一句话："没看过福来师的布袋戏，不算龙溪人。"

1951 年 5 月，我爷爷在政府文化部门的帮助下，依靠福春派的老班底福春班，组建了"南江木偶剧团"。1952 年 10 月，南江木偶剧团排演《三打祝家庄》参加福建省第一届戏剧会演，在排练过程中，爷爷和陈南田做出了一个创举，即在这个剧目上改"坐式曲臂"为"立式曲臂"表演，让以前正坐在椅子上的演员站起来表演。站着表演加高了台高，演员可以走动，增加了表演动作的幅度和自由度，也使后台可以同时容纳四位以上演员上场，大大推动了后来漳州布袋木偶戏艺术的全面革新和提高。

《三打祝家庄》在福建省里荣获金奖，后来还奉调上北京拍摄中国第一部木偶艺术片《闽南傀儡戏》，内容就是参加过福建省会演的闽南布袋戏和提线戏，里面的《大闹天宫》是由我爷爷与陈南田主演的。1954 年 8 月，南江木偶剧团和漳浦县艺光木偶剧团联合，参加华东地区戏曲观摩演出。1959 年 3 月，两团合并，成立龙溪专区木偶剧团（现为漳州市木偶剧团),我爷爷郑福来为艺术顾问,杨胜为团长,陈南田为副团长;次年,龙溪专区艺术学校木偶班的首届学生也先行入团。1960年9月,爷爷在北京光荣出席中国文学艺术工作者第三次代表大会,并任主席团成员,受到毛主席、周总理的接见并合影,成为漳州文艺界第一位获此殊荣的艺术家。

在龙溪专区木偶剧团期间,我爷爷作为福建省文史研究馆馆员,主要口述记录大量的传统剧目和"坠子戏"。他的戏剧语言,熟谙漳州腔闽南语的人最能尽得其妙,他的戏令人看了一场还想看下一场,今天看了明天还想看。他热心传统,胸襟坦荡,把自己在长期的民间演出中积累的连续演出一年半也不重复的剧目全部留给了后人,其中,单《三国演义》的戏就有115本。这些剧本被载入《福建省戏曲传统剧目选》,可惜的是流传剧目一部分于"文革"时期被销毁,仅存部分交于漳州市文化局保管,现在仍是漳州布袋木偶戏不可多得的文化遗产。我爷爷由于辛勤工作,操劳过度,于1965年1月因病医治无效,于福州病逝。

爷爷郑福来有两个儿子,大儿子叫郑国根,二儿子叫郑国珍。

郑国根是我的亲生父亲,但是当时因为郑国珍膝下无子,所以把我过继了,我一直由郑国珍亲手养大。郑国根1928年出生在漳州市南乡浦园社,从小随着爷爷学艺。新中国成立以后,他在1951年5月正式加入了爷爷组建的南江木偶剧团,与大师兄陈南田同时任演员。1952年10月,他们一起随团参加福建省第一届戏剧会演,12月进京参与拍摄中国第一部木偶艺术片《闽南傀儡戏》中《大闹天宫》的演出。1959年3月,"南江木偶剧团"合并进"龙溪专区木偶剧团"后,他出任过剧团党支部副书记和演出队队长。1961年至1963年间,又被借调到龙溪专区艺术学校木偶科任教。1963年9月到12月,

印度尼西亚雅加达演出现场(1963年摄)

印度尼西亚雅加达演出结束合影（右图中右三为郑国根，1963年摄）

他跟随剧团，到印度尼西亚雅加达、泗水、万隆等8个城市作访问演出。1970年，因病提前退休，1988年去世。

我的父亲郑国珍从小跟随我的爷爷学习漳州布袋木偶戏表演。1951年5月，加入爷爷郑福来组建的"南江木偶剧团"。他的艺术素质比较好，唱、做、念、打都很好，既能当演员又能当乐队演奏，而且还擅长配音配唱，是剧团的一位多面手。他在1957年的5月至6月，曾经参加中国木偶艺术剧团，应法国巴黎文艺社的邀请到法国表演，期间还去过苏联、瑞士、匈牙利等国家访问演出。1985年，"龙溪地区木偶剧团"改称"漳州市木偶剧团"时，我父亲多年担任演出队的队长，多次跟着剧团到国内各地巡回演出，一直到1991年退休，2004年去世。

老"南江木偶剧团"

原来的南江木偶剧团，成立于1951年5月。爷爷郑福来自己任团长，任命他的大徒弟陈南田为副团长，那时我的父亲郑国珍、伯父郑国根也在剧团里。为什么叫南江？是因为我的爷爷长期在漳州市区南部的九龙江边生活和演出，所以当时大家就建议他，把木偶剧团取名叫"南江"。当时漳州本地的民间文化生活还很落后，我爷爷的表演受到了闽南很多人的喜爱，这个剧团其实也是当时我爷爷为了养家糊口而成立的。

南江木偶剧团成立不久，1952年10月，排演《三打祝家庄》，参加了福建省第一届戏剧会演，获得了金奖。这在当时是件不小的事情，所以同一年这个节目就得到了文化局的重视，要求演员上京。到了北京，其实是让我爷爷组织拍摄中国第一部木偶艺术片《闽南傀儡戏》的，其中的一出《大闹天宫》就是用漳州布袋木偶来表演的。1954年的8月，我爷爷的木偶戏参加华东地区戏曲观摩演出也得到了奖。从此，频繁进京献艺。

南江木偶剧团还属于民间剧团的时候，就受到了党和国家领导人的赞赏与鼓励，并且剧团的陈南田、我父亲等人在1954、1957等年多次作为中国木偶艺术剧团成员出国，到欧洲和印度尼西亚访问演出。1959年3月，我爷爷的"南江木偶剧团"和漳浦县杨胜的"艺光木偶剧团"合并组建了"龙溪专区木偶剧团"，也就是现在的漳州市木偶剧团，也就没有人再用"南江木偶剧团"这个名称了。

"文革"期间，漳州布袋木偶戏被当作封建主义的东西来批判，大部分珍贵的剧本被摧毁，连我们郑家一直装着所有漳州布袋木偶戏的戏箱，也在被没收后下落不明。民间很多的艺人都放弃了演布袋木偶戏，而国有剧团的布袋木偶戏老艺术家都遭送回家参加劳动改造。现在不同的是，随着时间的推移，人们的精神文化生活水平在逐步提高，而漳州布袋木偶戏却逐渐被遗忘。

新"南江木偶剧团"

我的爷爷和伯父、父亲都把命押在漳州布袋木偶戏上。我生长在这样一个布袋木偶世家，从小受到长辈们的影响，当然也就喜欢上了这样一门艺术。

但是漳州有一句闽南话叫作"做戏头乞丐尾"。意思是说，演戏的人在舞台上看起来很风光，各种光鲜亮丽，但是真实生活中命是很不好的，就像个乞丐一样到处讨食，这个行业没有什么发展前途和保障，结局也是很悲惨的。

在"文革"那个特定年代，父亲心冷了，他不允许我学布袋木偶戏，更不用说教我了。1977年高中毕业后，我当时只能按照父亲的意愿，响应国家号召，到漳州罐头食品总厂去工作，没想到后来工厂破产了，而我又还没到退休年龄。我就在想，总得有个生活来源，我应该去做什么？也许是祖辈的遗传基因，我满脑子全是与戏有关的事。我先是自己创办"青春芗剧团"，自任团长，妻子陈亚春为主要演员。由于当时对传统文化不甚重视，文化市场不景气，这个芗剧团两年后就维持不了了。

新南江木偶剧团的木偶盔头（2015年，高舒摄）

新南江木偶剧团的木偶（2015年，高舒摄）

后来我回头想了想，我骨子里不是不想演祖辈的布袋木偶戏，只是这门艺术不是一两天就可以学好的。既要从小培养、刻苦训练，又要有扎实的基本功，最根本的是要对这项技艺投入感情。现在一般的人是吃不了这个苦的，但是如果我愿意做，我行不行呢？

老实说，做布袋木偶戏挣不到钱，所以学木偶的人越来越少，但是对我来讲不一样，因为它不仅仅是民间艺术瑰宝，也是祖传的技艺。将来如果以前演漳州布袋木偶戏的老一辈民间艺人一个一个地走了，郑家也没有人再做这个了，漳州布袋木偶戏就真的没有了，这将是非常遗憾的事情。所以我就想重新组建"南江木偶剧团"。

但是重新组建剧团并不是那么容易的事，加上我以前从来没有做过，因此面临着重重困难，比如说演出所必备的东西，木偶、服装、道具、灯光、舞台、人员、乐队和场地，以及商业演出的机会，这对我来讲都是大问题。好在我爷爷是郑福来，他在漳州地区的布袋木偶戏圈子里非常有名，甚至在老一辈民间的漳州市民的心中，也是印象很深刻的。所以我借着爷爷的名号，去联系那些能够帮助我的人，他们都非常真诚，给我提供了力所能及的帮助。

就这样，2008年8月1日，我重拾祖业，建立了新的漳州市南江木偶剧团，自己任团长。我从买木偶、做服装、备舞台、找场地、接演出开始，演了一场又一场。在漳州本地，大家也就传开了，说郑福来的孙子又开始演布袋木偶戏了。一传十，十传百，我的南江木偶剧团的名气，现在也逐渐提高了。

经过了这几年的磨炼，现在已经发展成一个小有规模的民间剧团，妻子陈亚春兼木偶表演和芗剧演唱，还聘请了人配唱，后台均邀请经验丰富的闽南老艺人。布袋木偶戏的剧目很多，有时根据剧情的需要，同台出场的角色较多，就要多名演员同时表演。但我的南江木偶剧团只有两个演员，所以我就自己修改适合两人表演的剧本，有时确实需要多人同台表演，就临时找人来帮忙。此外，比起祖辈、父辈，我们这一代终归多了点文化，我就根据一些老艺人的口述以及小说内

新南江木偶剧团的演出舞台（2015年摄）

新南江木偶剧团的演出后台（2015年摄）

容，积累自己的剧本，还自己编写剧本。目前已经上演了《忠烈传》《小八义》《五虎平南》《杨金花夺帅印》《金台三打少林寺》《李广大闹三门街》《太子登基》等。

现在剧团的演出主要还是依靠纯粹民间的请戏或者是社戏等商业形式，基本上是为民间信仰服务。哪里的庙宇有酬神戏的活动，需要我们演出我们就去。现在一场演出收费仅 1 000 元左右，按路程远近略有增减，扣除付给团员的工资及相关费用后，所剩无几，我的收入甚至比一般团员的收入还低。而且我们戏的多数观众都是老年人和孩子，成年人有时候也会关注，但是还是比较少。

网络互动

漳州布袋木偶戏被评为国家级首批非物质文化遗产名录项目之后，本地政府也开始重视这一项传统的文化艺术。我觉得更开心的是，我女儿现在大了，她知道微博，也懂得了上网。她通过微博，创建了一个我们的网络平台，就叫南江木偶剧团。之前由于传统文化市场不景气，观众对传统木偶文化一知半解，剧团收入也不多。现在我们会把剧团的相关信息，演出的时间、地点，在网络上公布，这些资源都是免费的，通过这种方式，吸引到越来越多的人来关注我们，在网上也经常有人给我们点赞或者转发。

目前，我们规模虽然很小，关注漳州布袋木偶戏的人和群体的数量也都非常有限，但是，已经有了一些宣传的效果，有很多家报纸采访过我们，也经常会有大学生打电话来找我们，了解我们的剧团，了解我们的文化，我觉得非常开心。

当然，我也有自己的要求。打着南江木偶剧团的牌子，就要达到我爷爷郑福来的技艺水平。老实说，我的手艺表演水平比漳州市木偶剧团专业出身的青年演员们要差得多。但是，什么事情都需要一个过程，既然要做一个民间剧团，就不能只是想，要一步一步地把它实现。我目前就是要打出自己的品牌，要在民间剧团里和社会上站稳脚跟，然后利用这个品牌的影响力，去吸引更多的人来关心漳州布袋木偶戏。

　　我自己在节目的形式上也会不断地进行改进和创新，在原有传统戏的基础上，我会编排一些更有意思的，比如说童话和寓言故事的木偶戏，同时也在偶剧的语言、口白、唱腔上进行一些改变，毕竟我们现在是用闽南语进行表演的，这无形之中会受到一些限制，如果改成用普通话的话，可能会有更多的年轻人来光顾。

（三）陈南田一脉

简介

陈南田 (1911—1980)

陈南田

男，汉族，台湾台南人。福春派第四代传人。13岁从台湾渡海来到漳州，先跟福兴派第四代弟子杨港学艺。翌年，正式拜福春派第三代传人郑福来为师，18岁出师，擅长表演"短刀戏"。曾任龙溪专区木偶剧团（现漳州市木偶剧团）副团长，先后任漳州市人大代表、漳州市政协委员，被聘为中国木偶艺术剧团、龙溪专区艺术学校木偶科教师，曾被苏联聘为苏联戏剧家协会名誉会员。

1952年，他和郑福来改革"坐式曲臂"为"立式曲臂"表演，推动了漳州布袋木偶戏艺术的全面革新和提高。同年12月，他与郑福来表演的《大闹天宫》由北京电影制片厂拍摄成中国第一部木偶艺术片《闽南傀儡戏》。1955年，参加全国皮影木偶会演；同年，受文化部邀请至北京中央戏剧学院木人戏研究组，聘为中国木偶艺术剧团教练，培养出该团第一批演员；1958年前后，回漳州重返"南江木偶剧团"；1959年，"南江木偶剧团"并入"龙溪专区木偶剧团"，他任副团长；1960年9月，他与杨胜随同中国木偶艺术剧团赴罗马尼亚布加勒斯特参加第二届国际木偶与傀儡戏联欢节，二人合作主演的《大名府》《雷万春打虎》双双荣获表演一等奖，各得金质奖章一枚。

陈锦堂 （1942.3— ）

男，汉族，台湾台南人。福春派第五代传人。漳州布袋木偶戏大师陈南田之子。国家一级导演，2008 年被认定为国家级非物质文化遗产木偶戏（漳州布袋木偶戏）第二批代表性传承人。1959 年起，任职于龙溪专区木偶剧团（现漳州市木偶剧团），后赴福建省戏剧研究所进修编导专业，回团后担任主要演员和导演职务。历任漳州市木偶剧团演员、导演、艺术委员会主任，中国戏剧家协会会员，中国木偶皮影艺术学会第一届常务理事，台盟漳州市委副

陈锦堂

主委，第五、六、七届台盟中央委员，第六、七、八届全国政协委员，福建省文史研究馆馆员。

全面了解和掌握漳州布袋木偶戏，在布袋木偶的 "三节棍" 和 "脱手回套" 等表演技术上有所发展，并且创造了 "指通" 和 "关节通"（木偶的左右关节臂），积极进行造型创新，学习魔术、杂技、歌舞、武术等的夸张性和趣味性。代表作品有《画皮》《三打白骨精》《水仙花》《狗腿子的传说》等，其中《狗腿子的传说》在全国木偶皮影戏会演中获得导演奖，其自编、自导、自演的《画皮》成为 1987 年首届中国艺术节献演剧目，被拍摄成电影，并收入《掌上艺术》。

采访手记

采访时间：2007 年 8 月 16 日，2008 年 2 月 22 日，2015 年 12 月 4
    日、12 月 10 日
采访地点：漳州市澎湖路漳州市木偶剧团办公室
受访者：陈锦堂
采访者：高舒

  这是一个祖籍台湾的演员、导演，这是漳州布袋木偶戏市属剧团中保持下来的、唯一维持着家族传承传统血脉的北派布袋木偶戏大师陈南田的

笔者采访陈锦堂1 (2007年摄)

笔者采访陈锦堂、郑跃西、沈志宏 (2008年摄)

独子——陈锦堂。陈锦堂的父亲陈南田是"北派"布袋木偶戏的传奇人物，十几岁从台湾奔向大陆，进入漳州布袋木偶戏行当，广拜名师，终成正果。而陈锦堂本人承续了父亲对漳州布袋木偶戏的情感，把一辈子都奉献给了布袋木偶戏。

  这位清瘦的老人，说起自己的父亲陈南田，好像又回到了那个在柑仔市家里带好饭，一路小跑去老漳州旧桥头布袋戏班后台给父亲送饭的童年时光。后来的他，带着陈南田的光环，因袭传统，却并没有局限于传统。相反，20 世纪，在漳州布袋木偶戏几次接触电影电视，拍摄影视木偶剧的实践中，都能看到他身为导演或演员里外奔忙的身

影。他学习表演，又转入导演，他是甘于攥着传统，但也敢于放手一搏的人。

退休以后的他，一直在写书，他说他的《漳州布袋戏》书稿，可以把他所知道的布袋木偶戏技术总结成文字，留给下一代。我翻阅过那些文字，这是一个有思想的布袋木偶戏人细心写就的，是一个几十年在布袋木偶戏第一线的老人的经验总结，就像一份完整的漳州布袋木偶操作指南和使用手册。我甚至觉得这是他在尽一份心意，身为一派之师陈南田的后人，他想为自己的人生交一份完整的答卷，那将是我国到目前为止独一份的布袋木偶戏的通用操作教科书。

一位70多岁的老者，有多大的能量？可是，跟他谈话，听他训导，看他写书，我不得不再一次相信，真爱，完全超越年岁。

笔者采访陈锦堂2 (2015年，姚文坚摄)

陈锦堂口述史

高舒采写、整理

我的父亲

入漳从艺

我父亲是台湾省台南市人，1911 年出生在台南市区，1980 年去世的时候，虚岁 70，实岁 69，我母亲是 1914 年生的。我小时候，父亲说过，他在台湾时因为家里穷，13 岁就在台湾卖油条。有人在文章里说我父亲 15 岁来漳，这肯定是错的，应该是 13 岁，而且父亲那一辈人当时讲年龄都是讲虚岁。那时还是日本统治时期，有一次一个日本小孩抢他的油条，结果父亲不给，双方就打架。日据时代的台湾，跟日本人打架可不是小事，要是连累到家里人就糟糕了。于是我爷爷奶奶赶紧通过朋友关系，偷偷地把他藏在货船的船舱里面，漂洋过海来到了大陆。

因为台南话跟漳州话非常相似，于是我父亲在大陆上了岸后，一路流浪来到了漳州市区北桥（现在市实验小学附近），当时那一带都是做泥偶的。漳州布袋戏早些时候，也有偶头是用"田土"（即水田底层的泥巴）塑成的，以后又发展到用"笋粘香"制作。"笋粘香"就是我们儿时都玩过的用黏土与制香的木屑揉成的泥团，装在笋筐里备用，这种"笋粘香"泥制作出来的偶头，再简单地埋到稻谷壳里烧制，其成品较轻，不容易裂，最后才发展到用木雕刻偶头。父亲流浪到了那里后，就在那边当学徒

漳州布袋木偶戏表演大师陈南田 1

工、卖泥偶头。当时这种泥偶头有各种人物、动物的头像造型，把它圈上一块布，就是简易型的布袋偶，可以说是那时很常见的儿童玩具，所以闽南小孩都喜欢"弄尪仔"。卖布袋泥偶就要会"弄布袋戏尪仔"，我父亲很自然地开始跟人家学演布袋戏。

这期间由于卖泥偶和学戏，父亲认识了漳州东乡古塘村（现漳州糖厂东边）耍布袋木偶的两个艺人，一个叫沧溪，一个叫千斤，经他们介绍，我父亲在古塘村入赘。我的外公姓蔡，原来是古塘村的村长，有权有势，结拜兄弟13个，在古塘村势力很大。但外公没有生育，向别人家要来了姓黄的女孩当女儿，也就是我母亲。按照那时的风俗，我父亲因为入赘跟了外公家的姓，改成蔡陈南田，直到外公去世后，他才把蔡字去掉。后来我母亲说，我有过一个哥哥，生下来几个月就夭折了，所以父母亲现在只有我这个独生子。

我父亲前后在漳州这边学演布袋戏，拜了好多师父，最后拜了福春派第三代传人郑福来为师。当时交通不方便，布袋木偶戏需挑着担子，你不可能跑很远，只能在附近巡回演出。就跟说书的一样，你不能天天老是《七侠五义》，观众会腻，这就要求剧目的内容必须不断翻新，不然你的戏就没办法长期演下去，生活也无法维持。所以以前学布袋木偶戏是学什么呢？是以戏文为主。我父亲为什么最后选择了郑福来当师父就因为郑福来虽然不擅长木偶技艺，却是当时漳州一带戏文最好的艺人。

郑福来的郑家班原来是合伙的一大家子，他、两个儿子、侄儿、乐队队员，都是他布袋木偶戏班的人。我小的时候，南江木偶剧团在旧桥那边演《少林寺》，天天演，连续演，演了好几个月，自我懂事的时候起他们就在那里卖票了。以前拜师学艺，跟现在大不一样。在出师前的三年，只管你饭吃，不可能给你工钱的。但当你学成了以后，除了把师父的功夫学到手之外，师父也会把他原来这块地盘转让给你，让你具备谋生的资本。所以以前的徒弟对师父都非常尊重，一日为师终身为父，我父亲后来也经常拿钱孝敬师父和师母。

我父亲从郑福来那儿出师，因为他不忍心拿走师父在市区南乡的地盘,就到市区东乡另辟地盘。我 12 岁的时候,父亲已经自立门户,在东乡当布袋木偶戏师傅,也就是头手,就在现在市区人民广场龙文区一带演出,东乡附近我父亲最出名,而原来牵线他入赘东乡古塘村蔡家的沧溪、千斤两位师傅,由于新戏少,名声已经都不如他。而郑福来仍然在市区的南部及南乡颜厝一带,包括现在的漳州火车站附近演出。

1949 年 9 月 19 日,我父亲去下店尾为普度演戏,也就是现在市区人民广场往东一点的地方。那天解放军进城了,我和母亲住在市区柑仔市家里的楼上,解放军在我们家楼下敲门,时局动荡,我们不敢开,他们很有纪律,就打地铺睡在我家门口。我仍然记得,就在那一天,漳州解放了。

接着一段时间,因为城中戒严,我父亲去不了东乡演出,就在柑仔市庵庙边整理了一间旧房间,说书讲故事。我父亲不识字,连自己的名字都不会写,但就是凭着从师父郑福来那儿学来的戏文讲《三侠五义》,但他"讲古"(即讲故事)时胆小不敢去收钱,就请了柑仔市的一个邻居卢前帮忙,我父亲一说到"请听下回分解",卢前就把草帽拿出去让听众投钱,讲一回故事收一次钱。

一年后演戏开始得到允许,当时漳州最繁华的地方是市区旧、新桥这一带。郑福来在旧桥头搭了戏台演戏,正巧古塘的沧溪、千斤也在附近演出,由于郑福来声音沙哑,木偶演技一般,输于沧溪、千斤,便让我父亲去帮忙。

漳州布袋木偶戏表演大师陈南田 2

一边是师父一边是媒人,我父亲左右为难,只能白天仍在柑仔市讲故事,待天黑了再去帮郑福来的忙。我那时每天晚上还要打饭走路提到旧桥头给父亲吃。几台戏比拼的结果是,古塘村的沧溪、千斤退出,千斤去了长泰县,新建一个剧团,我父亲的一个徒弟蔡清根去当千斤的二手,这就是"文革"前漳州长泰木偶剧团的前身。

后来政府出面，文化局政务工作室黄石荃牵头，鼓励郑福来和我父亲成立专业木偶剧团，因为当时演出地点叫南门头，靠近九龙江边，所以就定名为"南江木偶剧团"。1952年，南江木偶剧团就参加了地区的、全省的、华东的各级戏剧会演，逐级演到了北京。苏联木偶专家看了以后，评价说这个漳州布袋木偶戏演得太好了，所以政府就重视起来了。

也就是这次到北京演出时，国家有关部门询问，表演漳州布袋木偶戏这么好的人，在你们那边还有谁？我父亲就说我们当地有一个艺人技艺最好，叫杨胜。当时杨胜还在漳浦佛昙，并没有到市区，由于地域比较偏远，尽管有家传技艺，但还是比较难出名。杨胜确实技艺很好，表演非常好，可惜声音沙哑，人称"炉底"，即指音色像铸造银圆时的炉底废料，暗哑无光，所以声腔道白，就没什么亮点。

我父亲的木偶表演原来是跟很多师傅学过，他也想拜杨胜为师，他学杨胜什么呢？我父亲的特长是短刀戏，也就是武林戏，即江湖上武侠刀客高手类的；杨胜的表演主要是大甲戏，也就是盔甲戏，即金銮殿上的，官场上的。但是以前要学手艺哪有这么简单。每演过一样行当，就收起来一样行当，担心露了自己的诀窍，丢了自己的看家本领。那时杨胜不教他，主要是因为他的表演是家传的，戏文很少。我父亲告诉我，只要他知道杨胜今天在哪里演，他就停戏，跑去看杨胜演，偷偷摸摸地跟着学。

进团创业

1950年后，政府对民间传统艺术十分重视并积极抢救扶植，全国进行了一系列戏曲改革，不少民间艺人重操旧业成立专业剧团。1951年开始，全省各地木偶剧团纷纷成立，相互观摩、交流。

我父亲是郑福来的大徒弟，先是加入了1952年郑福来组建的漳州市"南江木偶剧团"，当副团长。10月南江木偶剧团排演《三打祝家庄》参加福建省第一届戏曲会演。在排练中，父亲与郑福来进行了从"坐式曲臂"到"立式曲臂"的改革，引发了舞台、灯光、布景变化，并唱起了地方戏芗剧，后来《三打祝家庄》荣获金奖。随后奉调上北京，由中央新闻电影

陈南田指导演员排戏 1

陈南田指导演员排戏 2

制片厂拍摄中国第一部木偶艺术片《闽南傀儡戏》，郑福来与我父亲主演其中的《大闹天宫》。

1954 年 8 月，漳州市①南江木偶剧团和漳浦县艺光木偶剧团联合，参加华东地区戏曲观摩演出。1956 年，各地组织会演，切磋技艺，水平提升很快。1956 年和 1957 年，杨胜与我父亲先后两次作为中国人民的文化使者，到过苏联、捷克、波兰、法国、瑞士、南斯拉夫、匈牙利、蒙古等国家进行访问演出，受到国际友人的高度赞赏，这是新中国成立后，首个到国际上演出的木偶艺术团。

也就是上面说到的会演以后，大概是 1955 年，上级调我父亲和杨胜到北京任教，当时北京没有木偶剧团，便把辽宁锦州的锦西木偶剧团（经笔者查实，此处为"辽西文工团木偶剧队"）调过来，准备成立北京木偶剧团（经笔者查实，此处应为中国木偶艺术剧团），请他们两个人去那边任教②，当时他们住在北京东四十条，跟郭沫若是邻居。闽南

---

① 龙溪专区时期的漳州市所辖区域，指现在的漳州市市区芗城区所在地。

② 笔者经查阅材料发现，现在中国木偶艺术剧院的传统木偶戏表演以杖头木偶为主，但是其保留剧目《大闹天宫》还是由布袋木偶、杖头木偶表演的。这一点，与郑福来、陈南田上北京主演《大闹天宫》以及陈南田、杨胜当时在北京教授学生，为当时新成立的中国木偶艺术剧院输送第一批专业演员密切相关。

人习惯喝茶，郭沫若也喜欢喝工夫茶，他们就经常邀请郭沫若过来一起泡茶，所以我父亲、杨胜跟郭沫若都很熟悉，成了老朋友。

1958年前后，中国木偶艺术剧团一时没有办成，前往任教的我父亲、杨胜就回来了（经笔者查实，中国木偶艺术剧团已于1955年成立，当事人已逝，回漳原因也无从究察）。我父亲回了南江木偶剧团，杨胜1958年到龙溪专区艺术学校任教。据说后来北京木偶剧团（应为中国木偶艺术剧团）的李千元办了个扁担戏班，即一个演员用布围圈起来在那边小打小闹的那种，是个单人班。

1959年，龙溪专区木偶剧团成立。1960年由福建省文化局局长陈虹率团参加在罗马尼亚布加勒斯特举行的国际木偶与傀儡戏联欢节演出，我父亲与杨胜主演的两部戏都荣获一等表演奖，得到两枚金质奖章。1961年3月，剧团开始出去各省巡演，全团除行政人员之外，所有的人都出外。1962年或者1963年（经笔者查实，为1962年），郭沫若到厦门鼓浪屿的时候，我父亲、徐竹初和文化局的一个干部到鼓浪屿探望他，还送给了他两个木偶，并请求题词，这才有了郭沫若珍贵的墨宝："创造偶人世界，指头灵活十分。飞禽走兽有表情，何况旦生丑净。解放以来出国，而今欧美知名。奖章金质有定评，精上再求精进。"1963年，我父亲又去了一趟印度尼西亚演出，庄陈华同行。

1965年开始，"文化大革命"前夕，古装戏也慢慢不能演了，全国掀起编演现代戏高潮。这个时候临近"文革"，郑福来去世，杨胜和我父亲都没什么权力了，而且他们只擅长演古装戏，拍现代戏他们也不懂。所以由游击队出身、当过文教局局长的剧团党委书记阮位东导演，编演了许多儿童戏和现代戏，编排了《各族人民歌颂毛主席》《送皮包》《歼虎记》和《智破平峰城》等表现现代题材的节目。其中《歼虎记》由《雷万春打虎》改编；《智破平峰城》由《大名府》改编；《椰林战歌》在中南海怀仁堂为中央领导献演，其中击落敌机的技艺轰动一时。

"文化大革命"中，杨胜和我父亲都受到了严酷批斗，木偶剧团也一度惨遭停演和解散的厄运，后来借以毛泽东思想文艺宣传队木偶分队的成立，编演革命样板戏才保留下来。1970 年杨胜也过世了。唯一幸存下来的我父亲也不能从事木偶表演了，被下放到罐头厂当工人进行劳动改造。但是我作为陈南田一脉的后人，说是为了保存传统技艺，留在了木偶分队。1977 年，漳州艺校恢复办学，木偶班恢复招生，才请我父亲回来任教，那时候他的年纪已经很大了，课讲一半要做示范，有时就会喘得厉害。同年，布袋木偶戏第一次恢复古装戏演出，编演了大型神话剧《孙悟空三打白骨精》。

1980 年，我父亲过世，在木偶剧团的这个大厅，由市委宣传部主持、操办了整个告别、出殡仪式，父亲可以瞑目了。那天下着大雨，市委宣传部部长都来了，有人开玩笑地说，"文革"中你们批斗他，现在他来逗你们了。

"讲古（讲故事）"演戏

我父亲白手起家，风风雨雨闯荡过来，他拜了那么多师父，有的学戏文，有的学技艺，学不到就去看戏偷着学，这样子发展起来。直至 1950 年初，传统布袋木偶戏的设备还非常简陋。一个戏班里的木偶、服装、道具和文武乐器（管弦乐器和打击乐）均用两个戏箱（也称戏笼）装完；一箱装放木偶、服装、头盔、道具，箱上搁放木偶小舞台；另一箱则装放后台的文武乐器，由一人挑着走村串乡、四处演出。但是我记得小时候，父亲演戏的时候有一幅挂图，上面画的是人像，具体是什么我也不懂，出门演出时就卷起来带着，到演出地就挂在住宿的地方拜拜，拜的应该就是戏神吧！我印象中演出前没有再拜了。

传统布袋木偶戏的舞台，背后是一道木刻的、留有空隙的屏风或隔板，表演者坐在其后操偶表演，通过屏风或隔板的空隙可以看到自己所操控的木偶，其状正好与"有表演的隔帘讲古"相像。

传统布袋木偶戏是以讲为主，演唱为次的形式，在老戏班里流传着"千斤道白四两曲"，即重说不重唱的说法，[1]说明"讲古"与演布袋木偶

---

[1] 高舒. 福建北派漳州布袋木偶戏源流考辨 [J]. 福建论坛，2008（2）：95 – 98.

戏大有渊源关系。加上 20 世纪 40 年代，由于连年战争，许多布袋木偶戏艺人纷纷改行去"讲古"。我父亲陈南田就是曾经改行"讲古"的艺人之一。

为何会选择改行为"讲古"的职业呢？因为观众大多数为文盲或半文盲，特别是农村里有许多老人，他们看戏时是闭着双眼在听戏，保留"听古（听故事）"的传统习惯，根本不重视木偶表演。所以那时候在传统布袋木偶戏演出中，即便是武打动作戏等，布袋戏也很注重故事情节，而唱腔所占的成分极少，仅作为戏的点缀而已，所唱的都是京戏里的唱段，甚至是哼其音调，与戏毫不相关，配唱者多为后台乐队人员，主要的目的是让"头手"师傅有休息的机会，顺便喝水、抽烟、小便等，否则一个晚上要演四到五个小时甚至更长一些，包揽全场男女老少的角色和道白的"头手"师傅是承受不了的。

不过，随着普通话的普及和文化交流的日益频繁，使用闽南话的演出逐渐受到人流与地域的限制，而外地人、外国人也较重视看木偶表演艺术，因此传统布袋戏重故事情节和戏曲化的演唱，开始逐步转变到以木偶表演艺术为主，以说唱为次的新思路，《大名府》与《雷万春打虎》正是这一例证。

陈锦堂表演《雷万春打虎》（2015 年摄）

坐立曲直的变革

传统布袋木偶戏是由头手（师傅）与二手（徒弟）两人坐在椅子上，曲臂，进行木偶表演，属于"后弄前"式的表演。"坐式表演"中，表演者的手进行剧烈的打斗、移动，身体却坐在椅子上，实际上束缚了演员的表演空间。

正因如此，1952 年郑福来和我父亲排演《三打祝家庄》时，决定把演员的操偶表演由原来师徒二人静坐在椅子上的表演形式，改变为多人站立的活动表演形式，俗称"坐式变立式"，操偶的传统姿势"曲臂"尚未改变。"坐式曲臂"变"立式曲臂"的表演，虽然只是坐与立的区别，但表演上却得到了很大的发展：一是舞台空间开始横向拓展。二是表演人员开始增加，注入了新生力量，从而打破师徒二人表演的旧模式。三是男女角色和行当开始区分，特别是增加了女演员（传统布袋木偶戏班里都是男演员），突破一人独揽全场配音的形式。这种演员表演的变革，也促使木偶戏舞台相对加大加宽，老式的汽灯照明也改用现代电灯照明，并配上用布制成的厅堂、宫殿、花园、山野等各种软布景，首次采用地方戏曲——芗剧的音乐唱腔，配以漳州闽南话进行演出，使布袋木偶戏的演出焕发新貌，受到观众的热烈欢迎。

由坐到立的表演变革，增加了表演人数，拓展了表演区域，为木偶表演的发展奠定了基础，但曲臂表演仍保留传统"后弄前"式的形态，即表演者站立，手臂弯曲，手掌托偶表演。这样，舞台虽然拓宽，但仍保留一字形的表演区域，中间隔一道纱窗式的软布景，表演者从布景底部的纱窗带观看自己操控的偶人。由于操偶者的头部与偶人高度相当，演员不容易交叉更换台位，起不到舞台调度的效果，也限制了其他形式布景的应用。

于是从 1959 年起，杨胜与我父亲精心研究，进一步完善了"立式表演"，使站立的演员改曲臂为直臂进行操作。把曲臂托偶改变为直臂举偶的表演，虽然只是曲臂与直臂的变化，但它从根本上改变了漳州布袋木偶

陈锦堂表演武戏"对打"（2015 年摄）

戏木偶操作的方式，即由平行地"后弄前"变为托举着"下弄上"。与此同时，从坐到站，能够出现在台面上的手臂增长了，这使得木偶的身长也要相应地增长，原来"坐式曲臂""立式曲臂"表演的时候，布袋木偶从头到脚的长度是人手的中指尖到手肘上端，现在

"立式直臂"表演，布袋木偶从头到脚的长度可以扩大为人手的中指尖到手肘的末端。一旦木偶具备了增大的可能性，就推动了漳州布袋木偶戏从木偶、演员到舞台的全面革新、提高。

布袋木偶戏从重故事情节向重木偶表演的发展，促使表演技艺出现许多新的变化：如人的脚步与木偶脚步要同步；人的步子与偶人步子要比例适宜；演员要学会戏曲的正步、跑步、磋步等的运用，还有操偶者身高不同而有不同，高的要略蹲，矮的要穿垫高鞋等。

"坐式曲臂"到"立式直臂"改革的彻底完成，使偶戏舞台不但横向拓宽同时还向纵深拓展。由于直臂举偶，表演者是举偶在头顶上进行表演的，因而大大拓展了舞台空间，并使灯光布景得到了充分的发挥，初步形成了布袋木偶戏集表演、音乐、舞美、灯光等于一身的综合性艺术的雏形。

"通"的进步

我认为现在漳州布袋木偶戏需要关心的，就是八个字——保护、传承、创新、发展。即把四个要点连在一块儿，不能割裂开来，你单纯地保护他没用，你死守老旧的东西也不叫真正的传承，如果不创新，你就跟不上形势，也谈不上发展。

我从1959年起供职于龙溪专区木偶剧团，后赴福建省戏剧研究所进修编导专业，回团后担任主要演员和导演职务，被授予国家一级导演职称，也在2008年被认定为国家级非物质文化遗产项目木偶戏（漳州布袋木偶戏）第二批代表性传承人。

在剧团的这些年，我自己积极进行木偶造型创新，学习戏曲、魔术、杂技、歌舞、武术等的夸张性和趣味性，代表作品有《画皮》《三打白骨精》《水仙花》《狗腿子的传说》等，其中自编、自导、自演的《画皮》成为1987年首届中国艺术节献演剧目，被拍摄成电影，并收入《掌上艺术》，导演的《狗腿子的传说》，在全国木偶皮影戏会演中获得导演奖。

因袭着我父亲创新思考的传统，我对漳州布袋木偶戏的了解和掌握比较全面，对布袋木偶的"三节棍"和"脱手回套"等技术有所发展，也对

陈锦堂指导姚文坚表演《雷万春打虎》中的雷万春
（2007 年摄）

布袋木偶戏经常使用的一种辅助棒（漳州布袋木偶戏人称之为"通"）做了改进，创造发明了"指通"和"关节通"（木偶的左右关节臂）。

"通"是一根细小的竹棒，状如竹筷子，大小略长一些，前端削尖，形如削好的铅笔，插进木偶人手后端的木洞中。演员用另一只手来操控这根竹棒，通过连接木偶手的这根棒来操控木偶手臂的活动。同时也让大拇指抽出来操控木偶头部的动作，表现偶人头部的细小情感动作。

传统的辅助棒有"直通""弯通""鸭嘴通"等，演员可根据表演的需要，任意选用各种"通"，结合木偶的文手和武手来使用。1970 年以后，为了演好革命样板戏现代英雄人物形象，在团长金能调的倡导下，由杨烽、我和庄陈华等人发明了一种"指托关节臂"与"手托关节臂（腿）"，俗称"指通"和"关节通"，比传统"通"更完善与合理。指托与手托关节臂的发明已广泛地应用在现代戏《智取威虎山》、神话剧《孙悟空三打白骨精》和寓言剧《画皮》的演出实践中。

其中，指托关节臂（指通或短通）是套在操偶者的无名指上，运用传统基本功"勾指"与"点指"方法来控制关节臂上各个活动点的运动，使木偶能像人的手臂一样，有上下臂之分，且能上下左右活动自如。

手托关节臂（关节通或长通）用来替代传统的"竹通"，分为单节、双节和三节等种类，演员可根据需要选用。传统的"通"只是一根竹棒，没有活动关节，而关节臂则与人的手臂一样有活动的关节，利用控制线的拉动，能让木偶的手臂转动和伸缩弯曲。

"通"字在漳州话里是指解决问题的方法又好又妙之意。老艺人说："这根'通'是把杖头木偶戏的一只手偷过来接在布袋木偶的手上，弥补布袋戏的不足。"这也是我为漳州布袋木偶戏改进"通"的初衷。

二

记传承

——殚精竭虑　继往开来

介绍

漳州布袋木偶戏植根于民间，以娱神为主，兼以娱人。传统剧目主要为幕表戏、连本戏。据老艺人介绍，目前漳州全市各区县的民间布袋木偶班社有近三十个，在市区的剧团不到十个，经常活动的有三四个。民间剧团多属于半农半艺的家班或临时组合的散班，闲时走乡串村流动演出，并不固定。常年保持漳州布袋木偶戏演出，每年入社区、驻场演出百场以上的表演团体，只有漳州市木偶剧团。

漳州市木偶剧团成立于 1959 年，是新中国成立后由福建当地文化主管部门组建的、专门进行漳州布袋木偶戏创作表演的国有剧团，也是至今为止全国唯一一个北派布袋木偶戏的职业剧团。按照戏剧界的说法，就是所谓一个团支撑一个剧种的"天下第一团"。剧团的前身是"龙溪专区木

郭沫若于 1962 年为龙溪专区木偶剧团（现漳州市木偶剧团）题词手迹

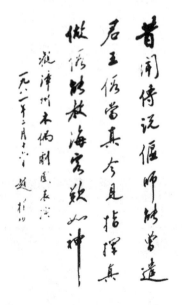

赵朴初于 1981 年为龙溪地区木偶剧团（现漳州市木偶剧团）题词手迹

偶剧团"，由 1951 年成立的龙溪县"南江木偶剧团"和 1953 年成立的漳浦县"艺光木偶剧团"合并组建。成立之初就吸纳了漳州民间最为出色的布袋木偶戏艺人和乐队班底，杨胜任团长，陈南田任副团长，郑福来任艺术顾问。成立当年，剧团就被确定为福建省重点剧团，实行差额拨款，业务上归福建省文化部门直接领导，"文革"期间，龙溪专区更名为龙溪地区，剧团工作停滞，名为解散，实际转为毛泽东思想文艺宣传队木偶分队，相当于解散剧团不散队，"文革"结束后恢复为"龙溪地区木偶剧团"。1985 年 7 月，龙溪地区实行"地改市、市管县"行政体制，改名为漳州市。龙溪地区木偶剧团同步更名为"漳州市木偶剧团"，成为漳州市市属剧团，由漳州市文化新闻出版局主管。

漳州市木偶剧团的出现，使漳州布袋木偶戏表演团体的既有生存方式发生了根本性的变化。尽管是差额拨款，漳州布袋木偶戏从民间经营转为国家支持，设置了艺委会、创作室、演出队、乐队和木偶雕刻工艺室，演出主体由家族式戏班转型为事业单位公开招考，人才队伍的专业水准得到极大加强，从业者的身份也由民间艺人转变为市级事业编制人员，社会地位得到全面提升，由此引领漳州布袋木偶戏在各方面水平更加专业化。

专业的事需要内行的人。现任领导班子里，团长岳建辉自 2004 年管理剧团至今，洪惠君为艺术总监，副团长为郑少春、沈志宏。自建团以来，杨胜、陈南田、阮位东或杨烽、金能调、陈天水、陈荣宗、洪惠君等人先后担任过漳州市木偶剧团负责人。他们中的每一个人都自小就与漳州

漳州市木偶剧团获得的部分奖项（2006 年摄）

布袋木偶戏结缘，并因此走入剧团。所以说这个团正是名副其实的最为专业的漳州布袋木偶戏创作表演单位。

与民间剧团长期流动演出、没有稳定收入的境况相比，漳州市人民政府财政每年向漳州市木偶剧团拨付在编人员基本工资构成中固定部分的80%，使漳州布袋木偶戏的生存和传承情况有了确切的保证。但是，团里演职人员和退休人员的基本工资差额、日常工作运行和剧目的创作、制作、排练演出的费用，仍需要由剧团自筹。

也因为这一大笔维持剧团日常生存的费用长期依靠自筹解决，传承的主心骨——漳州市木偶剧团领导群体必须时常审视漳州布袋木偶戏的定位，慎之又慎地对待自己"天下第一团"的招牌和"北派"传统的发展走

向。一方面，不断刷新剧团的光荣榜，自1960年9月起，剧团已先后有45人（次）获得国际、国内各项大奖①；另一方面，也顺应市场需要而为，不断涌现一些新的布袋木偶表演样式和剧目作品，比如投拍布袋木偶电视电影等，让漳州市木

国家级非物质文化遗产木偶戏（漳州布袋木偶戏）
（2006年摄）

---

① 代表性的获奖剧目及奖项如下：1992年民间故事剧《狗腿子的传说》在北京全国木偶皮影戏会演中获"优秀剧目奖"，以及编剧、导演、表演、造型奖；1994年童话剧《两个猎人》（最初的剧本叫《口技猎人》）囊括全国儿童剧"金猴奖"编剧、导演、表演、雕刻、舞美、音乐、灯光七项奖；2000年儿童剧《少年岳飞》获文化部第九届文华奖"文华新剧目奖""文华导演奖""文华舞美（雕刻）奖"；2001年木偶电视剧《森林里的故事》获中宣部第八届"五个一工程奖"；2003年木偶传统剧《铁牛李逵》获金狮奖第二届全国木偶皮影比赛银奖；2004年《大名府》《两个猎人》获捷克布拉格国际木偶艺术节大赛"最佳表演奖"，获得最高奖"水晶杯"；2005年获西班牙国际木偶节政府文化奖、组委会演出奖；2006年在塞尔维亚和黑山获第十三届苏博蒂察国际儿童艺术节"出色掌上艺术最佳优秀表演奖"，这也是该届艺术节上唯一的团体大奖；2006年6月获捷克布拉格第十届国际木偶艺术节"最佳荣誉表演奖"；2008年6月在上海举行的木偶皮影戏大赛中获得两金一银。

国家级非物质文化遗产漳州木偶头雕刻（2006年摄）

偶剧团在国内新媒体上频繁亮相，扩大影响。

2006年5月，以漳州市木偶剧团作为保护单位的"木偶戏（漳州布袋木偶戏）"和"漳州木偶头雕刻"两个项目，入选首批国家级非物质文化遗产名录，2012年，漳州市木偶剧团又作为"福建木偶戏后继人才培养计划"的参与单位，成功入选联合国非物质文化遗产优秀实践名册，漳州布袋木偶戏的传承之责任重而道远。2014年，漳州市木偶剧团参与了国家艺术基金年度资助项目"中国福建木偶戏在亚太地区的传播交流推广"的实施，并于2015年9月再度以木偶戏《招亲》获得国家艺术基金2015年度舞台艺术创作资助项目小型舞台剧（节）目和作品。这些支持和赞誉，进一步说明了以漳州市木偶剧团为代表的漳州布袋木偶戏人，为这一民间小戏传承复兴所做的努力，得到了国家政府和专业领域专家学者们，甚至是联合国教科文组织的高度肯定。

"弄尪仔"的人不能群龙无首。和杨胜、郑福来、陈南田等老一辈的剧团负责人一样，现在的剧团负责人群体对漳州布袋木偶戏的当下与将来同样有着特殊的意义。他们对漳州市木偶剧团的定位，他们在保护管理、业务把关和宣传运作方面的思虑，决定了漳州布袋木偶戏和这些"弄尪仔"的人将去向何方。

（一）岳建辉

简介

岳建辉（1956.5—　）

男，汉族，福建漳州人。1974 年参加工作，1977 年入职龙溪地区木偶剧团（现漳州市木偶剧团），任乐队演奏员，1998 年任漳州市木偶剧团副团长，2004 年主持剧团工作，2006 年至今连任漳州市木偶剧团团长，同时兼任漳州市戏剧家协会主席，福建省戏剧家协会理事，中国木偶皮影艺术学会副会长。

岳建辉

他作为剧团负责人，积极组织剧目创作，多方筹措拓展演艺市场，在完成演出、接待任务的同时，主动对接省级、全国乃至国际赛事，率领漳州市木偶剧团摆脱经济困境，在管理、整治、经营、运作、传承各个领域成果突出。先后获评为 2003—2006 年度福建省文化系统先进个人、2007—2010 年度福建省文化系统先进个人。

他在任职期间，坚持活跃在舞台一线，领导、组织创作，参与演出，剧团新创《比艺招亲》《水仙花传奇》等剧目在福建省戏剧会演和全国木偶皮影大赛中摘金夺银；2000 年，参与木偶儿童剧《少年岳飞》演奏，获文化部文华新剧目奖；2000 年，参与木偶剧《神笛与宝马》演奏，获福建省现代戏优秀演出奖；2006 年，参与木偶剧《比艺招亲》演奏，在捷克布拉格第十届国际木偶艺术节上获最佳荣誉表演奖；2009 年，为木偶神话剧《水仙花传奇》作曲，先后获福建省第 24 届戏剧会演剧目奖，全国第三届木偶皮影大赛金奖及作曲单项奖。其子岳思毅先后在漳州市木偶艺术学校、上海戏剧学院就学，毕业后回漳州并入团，从事舞美工作。

采访手记

采访时间：2006 年 10 月 2 日，2007 年 8 月 16 日，2008 年 2 月 22
　　　　日，2015 年 12 月 1 日、12 月 2 日、12 月 4 日、12 月 9
　　　　日、12 月 17 日等
采访地点：漳州市澎湖路漳州市木偶剧团办公室
受访者：岳建辉
采访者：高舒

漳州布袋木偶剧团，我已经不是第一次登门了。但 2006 年，我才第一次经请托市戏剧研究所王文胜所长介绍，正式来请教。正如我之前所知道的，岳建辉是漳州市木偶剧团团长，也是漳州著名的竹笛老师，当年我有几位小友甚至都曾向他拜师学过乐器。他擅长竹笛、长笛、单簧管，甚至吹管以外的其他乐器，他因为优秀的演奏技术考入剧团，又因为有想法、有魄力，把木偶剧团带出了一片生机，一直连任团长，扳指一算，已十二年。

办公室里站起了一个人，一张笑脸，两弯浓眉，充满了浓浓的闽南味儿，说不出在哪里见过……"你好！你好！我是岳建辉。"噢，对了！像漳州布袋木偶的尪仔脸！我突然反应过来，不禁一乐，也自此印象深刻。

从 2006 年到 2016 年，十年来，我每次走进剧团，都来向岳建辉团长报到。他没有架子，"好，我帮你联系"是这十年来，我听到他说得最多的话。而对这个自己从小就加入的团队，他更像是个长辈，极力想把家人介绍给四方来客。这些年，岳建辉欢迎的不只是我，还有上百组来探访漳州布袋木偶戏和漳州市木偶剧团的媒体、学者、学生和业余爱好者。但是，他总是不遗余力地提供信息，热心推介值得采访的团员，却从来没有提过自己。

2015 年底的一天，我提出"这一次我不需要采访别人，让我采访您"

这一要求时，他突然有点惊讶和羞赧，然后无比谦虚地说："我……我就不要采访了，我没有什么啊！你还是去采访我们的艺术家！"他已经习惯了为他人作嫁衣，把荣誉、镜头、舞台和光鲜的报道版面留给了团里其他人，不只是资深的

笔者采访岳建辉（2007 年摄）

老师傅，还有初出茅庐的年青一代。我想起了他说的另一句话："过去戏班的风气不好，现在我不能让剧团再有派系，要让大家团结起来，戏才能好！"

从历史到现在，从传统到尝新，从比赛到商演，从管理到运作，从表演到教学，岳建辉谈起这个团这么些年的起起伏伏、喜怒哀乐，谈起对漳州布袋木偶戏的保护管理，他有那么多的故事要讲，有那么多的新想法要说。

听着他娓娓道来，我的脑海里浮现出一个偶戏世界，我能看到那个手执竹笛也倾心于长笛的岳演奏员；看到那个把儿子从上海召回，为剧团搭建舞台的岳老爸；看到那个与木偶艺校兄弟相托，又设法在上海戏剧学院增设了漳州木偶本科学历的岳老师；还能看到那个风里来雨里去，领着一众团员们走出漳州地界，在外面开拓演出市场，觅得电影电视导演拍摄木偶连续剧的岳团长。

岳建辉口述史

高舒采写、整理

从知青返城，开始工作，我就考入了漳州市木偶剧团，这里是我工作了一辈子的地方。布袋木偶戏重要的是演员，我的经历很简单，从乐队演奏员开始，到剧团的副团长、主持工作者、团长。我对剧团的理解，是因为我从年轻时就来到这里，从来没有换过单位。从我进了剧团，到我管理剧团，这一切就都顺理成章地进行了。

岳建辉工作照

入团经历

1974年，我从漳州四中高中毕业，直接离开家，参加了上山下乡。1974年到1977年，我在漳州市华安县的农村待了四年。1976年"四人帮"倒台，"文化大革命"结束。1977年，国家恢复了高考政策，而正好龙溪地区木偶剧团开始招聘人员。

当年刚恢复高考，积压了十年的考生确实很多，而在那个年代，要找份固定工作也非常不容易。当时我考虑，两个机会都应该争取，于是决定既参加高考，也应聘招考木偶剧团的乐队演奏员。后来的结果是，木偶剧团先行进行录取，我最终放弃了参加高考上大学这条路，选择直接到龙溪地区木偶剧团就职。

当时木偶剧团的乐队，尽管是小乐队，但还是具备了一定的规模。这个乐队由将近20人组成，是漳州几个市属艺术团体里水平最高、人员分工最健全的。虽然人员只有20来个，但乐队的乐器很多。从民乐的这一块来讲，二胡、中胡、扬琴、琵琶、三弦、大提琴、倍大提琴，吹奏乐器有唢呐、笛子。还有主弦负责的一些乐器，芗剧四大件月琴、鸭母笛、壳子弦、洞箫。我应聘剧团乐队的演奏员，靠的是笛子演奏，同时兼习一些其他乐器。

我从小学三年级就开始自学笛子。那个时候要找专业的演奏老师很难，可是自己又喜欢，后来上了中学，正是"文革"时期，课停了，书读得也少，正好给了我充足的学习乐器的时间。读初二时，漳州市里成立了一个由市直中学的初、高中学生组成的"红卫兵"宣传队，我参加宣传队并担任了演奏员，在队里面年龄算是比较小的。全队队员都是这个年纪，都喜欢乐器，又没有什么文化课，我就整天都在那儿吹笛子，参加"红卫兵"宣传队的各种演出，主要是八个样板戏比较多，另外还有适合当时的政治需要的小节目。后来，中学毕业，上山下乡，我除了日常劳动外，对笛子的喜欢没有变过，依旧喜欢摆弄乐器，也就有了点小名气。

在木偶剧团工作之后，漳州布袋木偶戏的音乐以北派特色为主，对乐队来说，主要是传统剧目的京剧、芗剧伴奏，后来融入了现代创作作品，打击乐伴奏方面就完全遵照京剧锣鼓。由于木偶剧团一直在排演传统剧和新创剧，逐渐需要各种不同的民族乐器，甚至西洋乐器，据设定的环境来配乐及道白。比如我们下乡演出，就只能用农村喜闻乐见的歌仔戏伴奏；到其他大中城市巡演改用普通话，我们就用京剧甚至现代戏剧伴奏；在国外演出，我们又要考虑不同的演出场所，甚至要打上英文的字幕。

木偶剧团小乐队人数有限，这就要求每位演奏员要一专多能，要能够演奏多种乐器。比如，我们团里郑跃西演奏大广弦、六角弦，包括主弦乐器，这方面他不仅是漳州市，甚至可以说是闽南地区最好的演奏家，他还会吹唢呐，会弹月琴，甚至打击乐也懂。再比如我们乐队到日本演出时，我在演奏笛子之外，也要兼演奏一些小锣、铙钹之类，还要演奏单簧管，因为人员受限，条件不允许一个人只懂一种乐器。

1980年到1981年，我被借调到福建省京剧团担任演奏员。当时他们在演一部现代剧《东邻女》，类似于样板戏吧。这部戏剧讲的是"二战"时期，一个日本的小女孩来到了中国，中国百姓收留并保护了她，后来得到了日本政府的认可和感谢，就是中日人民友好交流的一个题材。毕竟他们是一支三四十人的管弦乐队，我作为被借调的地方剧团的个人，音乐素养等得到了很大的提升，期间我还到北京参加了培训，学习了吹长笛，也接触了很多现代戏剧排演的内容。

承续管理

1977 年以后，包括 20 世纪 80 年代的时候，剧团里的乐队一直比较强，保持着 20 多个演奏员的阵容。1981 年，福建省京剧团那场《东邻女》排演结束后，我又回到了龙溪地区木偶剧团，还在乐队。

童话剧《牧童》剧照（1983 年摄）

1985 年到 1998 年，国家政策鼓励甚至号召有条件的人下海，搞活经济，我也曾经下海，停薪留职了 14 年。当时我的眼光比较超前，看准了老百姓会对影视等新娱乐方式感兴趣，就经营起了歌舞厅、影视厅，做得最好的时候，业务覆盖了当时漳州市区的影视包括录像业的三分之二。就在生意红火的时候，我却还是决定回到剧团。之所以回来，一方面是我从参加工作就一直在木偶剧团这一个单位，所以用不着刻意留心，就很了解团里的发展，剧团虽说是财政差额拨款的单位，但是传统管理模式下的剧团经常发不出工资。而发展不了经济，就提高不了团员们的积极性。另一方面，虽然自己在社会上有了一番事业，毕竟自己的感情总是在团里，市文化局局长等领导也一直动员我回来挑担子。

而从我一开始进团到下海回团之前，剧团已经历了三任团长的管理。1968 年到 1989 年，我们的老书记是金能调，杨烽（杨胜的儿子）为副团长主持业务，随后金能调任书记兼团长。1990 年到 1992 年这三年，团长是陈天水，后来调到漳州市委宣传部办公室当主任，之后到漳州电视台当台长。1993 年到 1998 年，书记兼团长是陈荣宗。

1998 年回团后，我开始担任副团长。1999 年，洪惠君代理团长，后来转为团长。我俩从年轻的时候就在一起，年纪也一样，知根知底，为人秉性脾气，互相都非常了解，所以合作融洽。直到 2003 年，改由我主持团里工作，2004 年正式被任命为团长，洪惠君改任书记，我们就一直搭档到现在。

但是，回到团里确实跟自己在社会上经营不一样。可以说，当时团里的状况很不景气，主要是经济问题。当时我们剧团的工资非常低，说白了就是吃饭的问题都解决不了。20 世纪 90 年代初期，漳州市木偶剧团是财政差额拨款单位，也就是说，没有绩效工资，只发放基本工资的百分之五十。一切的办公经费、创作费用等其他财务支出都只能由剧团成员自己出

去想办法。所以，回到剧团的时候大家基本上都不上班了，有事情才来，没事情都不来了。更有甚者，许多优秀的专业人员都辞职到厦门去了，剧团的人才流失得很严重。那时候我就深深地体会到，一个从事民间戏剧表演的专业剧团如果经济不景气，什么事情都做不了。

漳州市木偶剧团进行"台湾广播媒体闽南行"演出接待任务（2007 年，高舒摄）

这些年，让我松了一口气的是，经过各方自筹经费，木偶剧团的团员们能够领到百分之百的基本工资，还能发放绩效工资。原因一方面在于，现在财政拨款的份额比以前提高了，覆盖到基本工资的百分之八十。但还是没有绩效工资，其他所有费用如今还是由我们来筹。庆幸的是，另一方面，我们剧团的木偶、背景制作和木偶表演水平一直在国内得到认可。所以近年来，我一直通过帮助国内其他知名的木偶剧团制作木偶和布景，以

儿童历史剧《少年岳飞》剧照（2000 年摄）　神话剧《神笛与宝马》剧照（2001 年摄）

改编剧《铁牛李逵》剧照（2003 年摄）　短剧《人偶同台》剧照（2015 年摄）

及为中国电视剧制作中心等单位拍摄电视木偶戏，来保证全团员工的工资和排戏办公等基本费用。这也是现在员工都比较安心在岗的原因。在漳州这样的闽南小城市，木偶剧团员工每人能拿到四五万元年薪，这样的工资水平也算不错了，人心也就稳了。

新老传承

这几年，文化部和各级政府通过非物质文化遗产保护、国家艺术基金等给予了漳州布袋木偶戏实实在在的支持和保护。剧团也有个传统，就是不忘传承。1958 年漳州布袋木偶戏的艺校和剧团就是近乎同期成立的，通过木偶专业学校和幼儿大中小学木偶培训班等多种形式，培养造就了一批又一批布袋木偶戏接班人。

目前，漳州市木偶剧团里年轻演员的比重已经占到大约百分之八十，台上的演出已经主要是年轻人了。但是新老演员的衔接和过渡还未完全到位，所以这几年我们把许多老艺术家返聘回来，积极地进行传帮带，再传

漳州市木偶剧团进小学教学（2015年摄）

承和培养年轻人。

布袋木偶戏演员的行当不像人戏，行当相对没有那么固定，可以反串演绎各种角色。老一辈唱念做打的能力，还是值得推崇，但是现在年轻人已经难以完全做到了，尤其是演人物的时候，演员本身开不了口，这种情况在闽南语中就叫"败角"。所以现在我每年都利用两个月的演出淡季，对青年演员进行艺术再教育，艺术再培训。对表演和说唱进行训练，一部分是本团的老师来教课，还有一部分是外聘老师来上课，现在有部分青年演员的艺术水准已经开始慢慢到位了。

另外，我努力在做的另一件事，就是创新，主要是剧目的创新。我们团里的文化底子比较雄厚，老一辈的艺术家们原来留下来的很多剧目，很多年轻人甚至见都没见过。老艺人的传帮带，给青年演员提供一些自己思考和发展技艺的机会。通过传统剧目的排练、实践，重新重视和研究这些传统经典剧目，为年轻人创造更多和舞台接触的实践机会。所以，跟国内同行业的剧团一比较，就能发现，我

岳建辉（二排左四）带领漳州市木偶剧团、漳州第二职业中专学校师生在中央电视台《曲苑杂坛》节目亮相（2004年摄）

们漳州市木偶剧团的青年演员上台的机会远比一般剧团要多得多，因为他们长期活跃在舞台的第一线。

现在我们单位已经更名了，改成了漳州市布袋木偶戏传承保护中心，我们的宗旨主要就是传承和保护。当然，保护更多的是政府的职能，所以我们知道，传承漳州布袋木偶戏是我们的主业，走传统的路子把传统剧目精品化。

推陈出新

其实，传承和创新，是任何一个剧团都会遇到的问题。现在政府出台的一些政策，包括省里每年给的六七十场公益性演出的补贴，对我们剧团是很有利的。但是一个艺术团体，总是需要剧本创作，还有固定资产的投入，包括剧场建设、设备添置，这些都还要靠创收，才基本上够用。所以我们在传承保护的同时，也要创新。创新一定要，没创新也就没有生命力。

从创新来说，从 20 世纪 50 年代到现在，我们在布袋木偶戏彩色电影电视剧上做了很多尝试，包括跟中央电视台无锡拍摄基地的合作，跟漳州市广播电视局的合作，还有其他一些地方合作。从 1952 年 10 月拍摄中国第一部木偶影片《闽南傀儡戏》的《大闹天宫》至今，漳州市木偶剧团已同中央电视台、北京影视制片厂、上海美术电影制片厂、福建电影制片厂、中国电视制作中心、无锡市偶形文化传播有限公司、上海电影艺术学院、台湾钜桥传播公司、中国福建木偶影视制作中心以及厦门、漳州电视台等单位合作摄制电影、电视片共 38 部。拍摄的影视剧目有《路打不平》《蒋干盗书》《新花迎春》《八仙过海》以及中国首部宽银幕木偶电影多幕剧《擒魔传》与木偶电视连续剧《黑旋风李逵》《岳飞》等。2006 年 7 月，剧团还与江苏省无锡市偶形文化传播有限公司合作摄制 100 集中国首部偶形动漫电视剧《秦汉英杰》，又于 2007 年 1 月与上海电影艺术学院合作拍摄 52 集木偶电视剧《跟随毛主席长征》（原名《小红军长征记》）。

我们现在选择了一些经典的漳州布袋木偶戏传统剧，准备在 2016 年上半年，与电视台开展合作，共享版权，拍摄成木偶电视连续剧。这类经

100 集木偶电视剧《秦汉英杰》剧照
（2006 年摄）

52 集木偶电视剧《跟随毛主席长征》剧照
（2007 年摄）

岳建辉（首排左二）带队在中国驻新
加坡大使馆与中国驻新加坡文化参展
上合影（2010 年摄）

岳建辉（后排左二）带队在高雄市参加"偶爱
你——2012 年高雄偶戏节"文化交流活动
（2012 年摄）

典的传统剧就是漳州本地人说的幕表戏、连本戏，这类剧目讲闽南话，不
止在闽南地区很受欢迎，在台湾和东南亚地区也有广大的观众群。

　　我认为，漳州布袋木偶戏如果拍摄成木偶电视剧，就要做精做好，包
括从语言配音、表演、剧景、拍摄手法等方面都要下功夫、花心思，因
为精品影视的市场看似小，其实传播的范围和时间更大、更长。

　　目前从国内布袋木偶的表演技术和木偶制作来说，漳州布袋木偶戏就
是权威，确实是比台湾的布袋木偶戏要强。相比之下，类似台湾那样的发
展，更商业性些。台湾的布袋木偶戏发展出金光和霹雳木偶戏，已经走上
了文化产业的发展方向，有一定的观众群，尤其是年少的群体，台湾民众
称之为"布布迷"。漳州布袋木偶戏最好是像台湾的霹雳电视剧一样，有

个专门的电视网络频道，要是条件允许的话，我们也可以往这方面去发展。台湾霹雳电视的傅总，几年前已经亲自登门来到漳州，希望与漳州布袋木偶戏合作，在漳州建设大陆的动漫影视基地。

另外，既然创新这条路一定要走，就要多条路同时走。一是漳州布袋木偶戏有我们的优势，比如说布袋戏的人偶比较精致，特别适合电视拍摄。二是现在剧团没有专业的剧场，那我们就开辟新的演出市场，比如搞一些定点演出，旅游市场的演出。现在跟华侨饭店就有个定点演出：每周

岳建辉和从事木偶舞美的儿子岳思毅（2016 年摄）

一场，晚上 6 点半开始，7 点半结束，一个小时的演出内容就是传统折子戏。三是通过政府的定点演出采购，每年也可以解决剧团运营的一部分资金来源。四是第三产业的开展，比如我们的木偶和背景制作力量在全国是排在前面的，我们可以进一步开拓，以文养文，以偶养偶。

对于漳州布袋木偶戏将来的发展，最好还是能跟旅游经济结合。因为这个戏是闽南文化的产物，来这旅游的游客就想感受真正的闽南文化，那何不看看漳州布袋木偶戏呢？而且把文化和旅游两个产业做到一起，双方共赢，我们木偶剧团演出有了去处，他们旅游点多了项目，何乐而不为？如果能这样结合，再拍摄一些木偶影视作品，这应该是漳州布袋木偶戏最理想的出路。

一念至善

我们漳州市木偶剧团是一个有着非常优秀的技术传统的团队。自1960 年 9 月我们木偶剧团在罗马尼亚布加勒斯特第二届国际木偶与傀儡戏联欢节上获表演金质奖章以来，先后有 45 人（次）获得国际、国内各种奖项。我们剧团所获的奖项，对很多其他地方小戏的剧团来说，近乎是天方夜谭。

1986 年，10 集木偶电视剧《岳飞》获福建省第二届电视作品优秀奖。1990 年神话剧《钟馗元帅》获福建省第十八届戏剧会演"木偶艺术创新奖""优秀剧本奖""布景设计奖"。1992 年民间故事剧《狗

岳建辉（首排左四）在上海参加第十六届上海国际艺术节（2014 年摄）

腿子的传说》在北京举行的全国木偶皮影戏会演中获"优秀剧目奖"，以及编剧、导演、表演、造型奖。1994 年童话剧《两个猎人》获全国儿童剧"金猴奖"，囊括七项奖：编剧、导演、表演、雕刻、舞美、音乐、灯光。2000 年儿童剧《少年岳飞》获文化部第九届全国"文华新剧目奖""文华导演奖""文华舞美（雕刻）奖"。2000 年《神笛与宝马》获福建省戏剧会演优秀剧目奖。2001 年木偶电视剧《森林里的故事》获中宣部"五个一工程奖"。2001 年 12 月，剧团获得了国家文化部"全国文化工作先进集体"。2003 年 7 月木偶剧《铁牛李逵》在文化部金狮奖第二届全国木偶皮影比赛中荣获银奖。2004 年 6 月《大名府》《两个猎人》在捷克布拉格参加国际木偶艺术节大赛荣获"最佳表演奖"，获得最高奖"水晶杯"。2005 年 12 月 2 日获西班牙国际木偶节政府文化奖、组委会演出奖。2006 年 5 月在塞尔维亚和黑山举行的第十三届苏博蒂察国际儿童艺术节上，剧团凭借剧目《大名府》《卖马闹府》荣获"出色掌上艺术最佳优秀表演奖"，这也是本届艺术节上唯一的团体大奖。2006 年 6 月捷克布拉格第十届国际木偶艺术节，我们也凭借剧目《比艺招亲》《卖马闹府》获得了"最佳荣誉表演奖"。2008 年，在上海举行的全国木偶皮影中青年技艺大赛中，我团青年演员李智杰、姚文坚获金奖，王艳获银奖。2008 年 12 月，100 集木偶电视剧《秦汉英杰》荣获第二届中华优秀出版物音像大奖。2009 年 1 月，在第九届福建省"水仙花"戏剧奖·表演奖比赛中荣获

组织奖。2009年12月，《水仙花传奇》获福建省第24届戏剧会演剧目奖。2010年12月，《水仙花传奇》获金狮奖第三届全国木偶皮影比赛金奖剧目。2012年12月，《海峡女神》参加福建省第五届艺术节暨福建省第二十五届戏剧会演获"剧目奖"。2013年7月，《大名府》《雷万春打虎》参加全国木偶戏、皮影戏优秀剧目（节）展演。2014年6月，《战潼关》《招亲》《蒋干盗书》《掌中艺术》在首届中国南充国际木偶艺术周获最佳节目奖。2014年9月，吕岳斌、许昆煌、张钊、姚文坚在金狮奖第五届全国木偶皮影中青年技艺大赛中分别获得三金一银。2014年11月，《战潼关》《蒋干盗书》《招亲》参加第四届上海国际木偶艺术节邀请赛荣获"最佳木偶艺术传承奖"。2015年1月，梁志煌、朱静怡、吕岳斌、李智杰在第十二届福建省"水仙花"戏剧奖中分别获得两银两铜。2015年3月，参加第十二届福建省"水仙花"戏剧奖荣获"组织奖"。2015年8月，在金狮奖第四届全国木偶皮影剧（节）目展演中，演出节目《孙悟空决战灵山》荣获"最佳剧目奖"。

能获得这么多奖，正是因为这几年来，通过演出，通过排练，团里的局面不错，年轻演员技艺提高也比较快。唯一不足的地方，就是我们这样一个专业剧团依然没有一个正规的排练和演出场所，这是很关键的问题。现在在拆迁的澎湖路上，周边街坊们都已经搬走，留着剧团和团员们守着危房，排练集训，不知何处去。办公条件差，我们可以克服，但是没有一个固定的排练场所，我们毫无办法。面对社会各界要来剧团看戏的要求，我们惭愧婉拒，不是没有人，不是没有戏，不是没有行头道具，而是我们连个演出场所都没有，到哪里去观看？所以，漳州布袋木偶戏"墙内开花墙外香"，经常在外地、外国上演，但对广大期待看到漳州布袋木偶戏的本地老百姓们，我感到非常抱歉。

我脑海里一直记得，"文革"前，漳州市区有九家影剧院，单单我们木偶剧团所处的北桥附近这个核心地带，短短500米以内，就分布着大众电影院、工人文化宫、侨乡剧院、木偶剧院、梨园剧院五家影剧院。除此之外，市里还有和平戏院、建筑工人俱乐部、人民剧场、龙机影剧院，一共有九家。而现在呢，原来的木偶剧院没有了，其他的剧院也拆的拆，改造的改造，现在整个漳州市区的老剧院只剩下人民剧场，除了作为影剧院，还兼作会场。

漳州市木偶剧团在西班牙第二十届达达依蒙迪国际木偶节演出（2006年摄）

前几天福建省文化厅到漳州调研的时候，我去参加，也在大会上提出剧场这个问题。漳州整体的经济，在全省排名还是比较靠后的，我们木偶剧团确实不敢奢望能像同级的泉州市木偶剧团一样，得到政府1亿元的拨款，也不奢望建一个新的剧场，但是分给剧团一个旧的剧场就能解燃眉之急。剧团是从事布袋木偶戏表演的业务单位，千万不能连旧的剧场都没有，否则漳州布袋木偶戏就丢掉了在本市演出的阵地，也失去了漳州人民这一部分观众。

现在，漳州市木偶剧团的所在地面临着拆迁，团址的安置、演出场地的安排，都还是一个未知数。曾经为大家熟悉的"澎湖路6号"今后搬去哪里，还是个问号。我们尚且不知，观众们去哪里找漳州市木偶剧团？所以，我们只能守着这片被列为"危房"、禁止使用的旧团址，借着漳州市芗剧团的排练场地坚持编演新戏。有时想想，全团上下也真是不容易！所以说，这个专业剧场，是意味着漳州布袋木偶戏的"根"落在哪儿的问题，长期以来一直困扰着我们，没有得到根本解决。

现在全团上下，其他的我都很是欣慰，都是小事，唯有缺少剧场，没有演出场地的问题是一件大事。对一个文化艺术单位来说，没有演出，也就没有生命力。对于本团来说，我最希望的就是有个固定的剧场，能够现场表演，才能与观众形成互动。在演出的正式剧场的问题上，虽说我临近退休，但还是要继续努力地争取。

（二）洪惠君

简介

洪惠君（1957.1— ）

洪惠君

男，汉族，福建漳州人。福春派第六代传承人。师从漳州布袋木偶戏大师杨胜之子杨烽。国家一级演员，文化部"文华导演奖"、中宣部"五个一工程奖"获得者。2014年被认定为福建省省级非物质文化遗产木偶戏（漳州布袋木偶戏）第三批代表性传承人。1971年，进入龙溪地区木偶剧团（现漳州市木偶剧团）。1998年，任漳州市木偶剧团团长，2002年，任中国木偶皮影艺术学会副会长，2004年至今，任漳州市木偶剧团艺术总监、党支部书记，闽南师范大学客座教授、木偶学会艺术教导，漳州市人民代表大会常委，福建省人民代表大会代表，福建省委宣传部、省人事厅文化、科技、卫生"三下乡"先进个人等。

从艺40多年，指掌技艺与唱腔口白两者俱佳，是当下剧团里首屈一指的专业演员。主攻武生，一专多能，能分饰多角，即兴演出，兼演动物、小旦、小丑、花脸、末角等。1983年获福建省首届青年演员比赛一等金质奖；1990年导演、主演木偶剧《钟馗元帅》获福建省第十八届戏剧会演"木偶艺术创新奖"，个人获"演员奖"；1994年获中国木偶皮影艺术学会授予"中国木偶表演艺术精英"等。代表作品有《雷万春打虎》《大名府》《蒋干盗书》《两个猎人》《钟馗元帅》《少年岳飞》等。

他熟知表演，改进了手指通（加长手臂的装置）的结构，兼习导演、编剧，主持剧团传统剧目的复排和创新剧目的编创。1999年导演《少年岳飞》获文化部第九届全国"文华导演奖""文华新剧目奖"；2000年导演《神笛与宝马》获福建省戏剧会演优秀剧目奖；2001 年导演 12 集木偶电视剧《森林里的故事》获中宣部第八届全国"五个一工程奖"；2003 年导演木偶剧《铁牛李逵》获金狮奖第二届全国木偶皮影比赛银奖，个人获表演奖；2004 年导演并演出木偶剧《两个猎人》获捷克国际木偶艺术节比赛最高奖"最佳表演奖"；2006 年导演木偶剧《招亲》获塞尔维亚和黑山共和国儿童艺术节优秀演出奖；2012 年导演《海峡女神》获第五届福建省艺术节暨第二十五届戏剧会演导演二等奖；编剧导演《小圣斗巨蟒》获第十一届福建省水仙花戏剧比赛导演一等奖，2013 年该剧再获文化部第十六届"群星奖"。

他通过本地中小学、职业技术学校、高等院校的木偶专业和兴趣小组，培养漳州布袋木偶戏青年骨干，正式收徒 30 余人，学生们获得全国及省市多项大奖，他本人也在 2008 年、2012 年、2014 年获金狮奖第三届、第四届、第五届全国木偶中青年技艺大赛"指导老师奖"。此外，他还多次参加联合国教科文组织在亚太地区的非物质文化遗产保护活动，带队赴多国进行展演和讲座。其女洪逸菁、女婿林城盟也就读于漳州木偶艺术学校，现在剧团从事业务工作。

采访手记

采访时间：2015年2月21日、10月4日、12月7日、12月11日，
　　　　　2016年1月12日等
采访地点：漳州市江滨花园洪惠君家、漳州市木偶剧团、中国美术馆等
受访者：洪惠君
采访者：高舒

　　如果说剧团的团长是掌控全局的管理者，而艺术总监就是专精于业务的品质保障人，但他似乎不止于其一，毕竟也曾两者兼修。2015年的正月初三，我借着春节7天公休假回到福建漳州。这一次我要给自己补一堂课，就是拜访好多年前一直想拜访，但是由于种种原因，始终没有见到的一位"传说"中的老师。他就是现在的中国木偶皮影艺术学会副会长、漳州市木偶剧团的艺术总监洪惠君。

　　我曾在刊物上，见过一些介绍他的文字，大意是将他称为当今漳州布袋木偶戏中着意专研"动物"身形，并精于此技的表演大家。我也曾预想过，但依旧没有猜到在一个地级市的木偶剧团里，会见到一位优雅如斯的老师。他的家在充满了历史感的九龙江畔、八卦楼边。我登门拜访时，一身雪白的"多多"，正在他家中慵懒巡行，师母说，那是洪老师精心呵护了十几年的爱犬。我忽然想起了，是不是这样的点滴观察，造就了戏台上他表演动物的栩栩如生？答案是肯定的！

笔者与洪惠君在象阳社社戏现场（2015年摄）

　　从初中时被慧眼识珠选入漳州市木偶剧团，到兼学兼

演，先后担当演员、舞美、编剧、教师、导演、艺术总监等职责，洪惠君对漳州布袋木偶戏的理解，贯通着漳州布袋木偶舞台表演的全过程。我原以为，木偶戏与人戏的区别如此之大，一位杰出的布袋木偶戏演员最主要是有一双妙手，直到了解了他才知道，从艺四十年，青春焕发的关键，是不敢忘，不可放，绝不轻慢！

在第一次采访之后，我们在不同的场合进行了多次访谈。我发现，如今的他，在表演方面专研几十年，又熟悉导演，已经摸索出了一套自己的经验和诀窍。作为木偶剧团业务的把关人，这位爽朗的艺术总监在学生们眼中悦色温颜，在专业要求上不怒自威，他的内心饱含着布袋木偶戏资深演员的专注和戏剧舞台专业导演的丰富。

坚持用四十多年去完成一个布袋木偶梦的人甚少！他是一个有着布袋木偶戏情怀的人。这种情怀为他赢得了现在国内木偶皮影界的地位和光环，也带给他"偶戏无小事"的提醒。我在想，是不是他也在用亲身经历告诉后辈们，漳州布袋木偶戏表演的心诀——识人方知弄偶，弄偶更知为人。

笔者采访洪惠君（2015年，姚文坚摄）　　笔者采访洪惠君（左一）等（2016年摄）

洪惠君口述史

高舒采写、整理

入团从业

洪惠君表演《洪松岗》中的角色
（1973 年摄）

我小时候，布袋木偶戏虽然被视为"上不了台面"的小戏，但是在漳州民间很是红火。母亲在家做木偶雕刻时，经常给我讲布袋木偶戏里的故事，我对木偶充满着无限向往。1971 年，龙溪地区木偶剧团到漳州第一中学物色选拔演员苗子，剧团领导一眼相中了我，那时我才 14 岁，还是初中生。就这样，我进入了漳州市木偶剧团的学员班，成为杨烽的嫡传弟子。就这么开始，到现在四十余年，布袋木偶戏已经成为我唯一的专业和事业。

我进剧团的时候，正是"文革"中期，全国正演"样板戏"，入团不久，地方剧种的戏剧表演团体几乎都被解散殆尽，木偶剧团因演出木偶

洪惠君和杨烽在北京参加全国木偶皮影调演演出《八仙过海》（1981 年摄）

洪惠君在电影《八仙过海》中饰演张果老（1982 年摄）

"样板戏"《智取威虎山》"打虎上山"而幸免于难，得以继续维持。古装戏是不能演的，幸好用木偶演"样板戏"没有受到非议。在大家对艺术前景不置可否的时期，那时候的我却有着强烈的上进心。我抓紧时间苦练自己的基本功，时时刻刻掰弄手指，锻炼手指的柔软度、灵活度，一心想把戏演好。

终于，1977年，地方剧种恢复繁荣。那年夏天，木偶剧团新排演了《三打白骨精》，让我在戏里出演孙悟空，直到现在想来，那时应该也是漳州布袋木偶戏最辉煌的一段时光。接连三个月，一场又一场的户外演出，一浪高一浪的群众掌声，我对布袋木偶戏的生命力有了更新的认识，对布袋木偶戏的情感和认识也开始超出一个学员、演员的视野。

在剧团期间，我也曾经一度有过到艺校的经历。1979年，杨烽去艺校，当时他是木偶班的主任。他过去以后，想在艺校办一个杨胜木偶剧团，就把我们从剧团带过去，当时有庄火明、朱亚来、郑如锷和我等人。后来地区文化局认为艺校自己也办木偶剧团不妥，这个剧团就没办成。当时又正好碰上大伙要评定职称，而艺校的职称人数少，所以我们就又都回了剧团。那时大家对职称评定不重视，包括我的师父杨烽，他就没有职称。

1983年，我开始有意识地尝试兼任导演。1984年，我导演的首部木偶戏《两个猎人》一炮打响，不仅在国内获得了全国木偶比赛七个奖项，还代表中国在捷克首都布拉格第八届国际木偶比赛中荣获了最高奖——"最佳表演奖"。此后又参加演出和导演了剧团的许多剧目。

1998年，我成为国家一级演员，担任漳州市木偶剧团团长，开始思考传统木偶作品的创新思路，此后我的工作重心逐渐向导演转移，不过仍兼及表演。2000年我

洪惠君（左二）与吴光亮、吴陈彬、王海凤合影（1983年摄）

洪惠君（左二）在全团实行承包责任制期间组织
小分队（1983年摄）

导演的《少年岳飞》获得文化部第九届"文华新剧目奖"，个人获得"文华导演奖"。2001年导演拍摄木偶电视剧《森林里的故事》获中宣部"五个一工程奖"；当年12月，木偶剧团获得了国家文化部"全国文化工作先进集体"。2002年，我当选为中国木偶皮影艺术学会副会长。2003年，我导演的《铁牛李逵》参加金狮奖第二届全国木偶皮影比赛获银奖，个人获得"表演奖"。2004年至今，我担任漳州市木偶剧团党支部书记、艺术总监。

弄偶识人

洪惠君在10集木偶电视剧《岳飞》中饰演岳云
（1985年摄）

我们漳州布袋木偶戏，手上功夫严格，一直把精彩的武打戏、短打戏作为看家戏，对演员的表演技巧要求很高。我比较擅长演绎人物角色，体现其关键的指掌功夫以及唱念做打。除了以前常年下乡演出《呼延庆》《陆凤阳》《华丰案》《宝珠园案》等诸多传统优秀剧目之外，这些年也拍摄主演过《三打白骨精》中的孙悟空、《八仙过海》中的张果老、《岳飞》中的岳云和牛皋、《黑旋风李逵》中的李逵、《擒魔传》中的纣王等十多部（集）电视电影中的角色。

漳州布袋木偶传统戏和创作剧目中表演人与动物，或者以动物为主角的戏俯拾皆是。《武松打虎》《雷万春打虎》《口技猎人》中的老虎，《大名府》中的舞狮，《卖马闹府》中的马，《狗腿子的传说》中的狗等，这些剧目在人戏里根本不可能出现，在布袋木偶戏行业里，却能为我创造施展才华的舞台空间，但是演人尚且不易，演动物更容易演砸。关键在于要把这些偶戏难点，演成精华之笔。

就我个人而言，我对表演动物的兴趣，从《智取威虎山》"打虎上山"时就得到启蒙了。我一直相信，有了演人物的基础，观众认可木偶的"人"的身份，就会水到渠成地认可漳州布袋木偶中的动物表演。如传统名剧《雷万春打虎》，老虎上场时，一定要符合"虎行如病"的秉性，打瞌睡，缓慢懒散，蹭痒挠痒，回身咬尾；而被激怒的老虎与上场时则迥然相反，凶猛无比，张牙舞爪，展闪腾扑。在打虎时，一个人同时演两个角色，一手演人，一手演虎，一心两用，要将人争虎斗的"意象"表现出来，用双手创造出人与虎

洪惠君在福州电视台拍摄的《智取威虎山》中饰演杨子荣（1998 年摄）

洪惠君表演《雷万春打虎》中的老虎（2010 年摄）

洪惠君表演小生、小旦（2014 年摄）

两种截然不同的形体动作与性格。

木偶世界与真人世界一样，也遍布了真善美、假恶丑，除了要表达出偶的人形，也要传达出偶的人性，在琢磨人戏要求的手眼身形步之外，还对表演者的方方面面细节都有所要求。作为剧团最紧要的一环，就是必须有被视为"台柱子""腕儿""角儿"的演员。布袋木偶戏表演的是木偶，但也像人戏一样，需要撑得起台面的木偶演员。

我个人的表演特点主要在于充分领悟、协同、糅合师父杨烽的表演优点，善于把握布袋木偶戏的人物与动物角色，创造鲜明的性格特点，不断主动学习，表演、塑造了大量布袋木偶戏作品角色，如《智取威虎山》中的杨子荣、《三打白骨精》中的孙悟空等。其中《两个猎人》作为木偶剧团保留剧目常演不衰，《招亲》《忠烈传》《徐胡断案》等作品，现在电视台还长期反复播放。

演而优则导

从事布袋木偶戏已经四十多年，但是直到今天，我对自己的要求仍是比较苛刻。漳州布袋木偶戏虽属于地方小戏，但戏剧表演的各分工环节，缺一不可，所以一个演员要了解布袋木偶戏，就要了解它的方方面面。又因为木偶剧团给予我艺术总监的担子，所以我更得督促自己浸入漳州布袋木偶舞台表演的整个过程，有时候，在舞台前后，我得不停轮转或身兼多重角色，艺术总监、导演、编剧、舞美、演员、教师……尝试和参与舞台表演相关的各个环节。

洪惠君在漳州主持《小红军长征记》（后改名《跟随毛主席长征》）开机仪式（2007年摄）

我从14岁起就投

身漳州布袋木偶剧团，导演布袋木偶戏，最初是我的师父杨烽认为我的艺术想象力和处理手法比较有思想、有想法，就开始培养我当导演。剧团里早期当过导演的还有陈锦堂，排过《画皮》《三打白骨精》等，接下来就是吴光亮和我。起先我也只能排些小戏，如庄火明老师写的《两个猎人》《狼来了》《小英雄追国宝》等。但是导演这项工作，就是不断地尝试和积累，逐步趋于成熟。

我们团参加福建省第十八届会演的节目就是《钟馗元帅》，这应该算是我导演的第一出大戏。这戏起先由陈锦堂和我一起去福州和专家进行讨论，后来就由我单独承担。由于其中有一段戏很难处理，要表现钟馗被压在地底下，我是初生牛犊不怕虎，借助一面黑丝一把雨伞，反面人物在上面走，钟馗躲在地底下的手法进行了处理。

洪惠君在上海参加第四届国际木偶艺术节（2014年摄）

《钟馗元帅》就在那个时候走上舞台。

其一，排戏应该是导演的二次创作。排练一台戏，剧本的好坏固然很重要，但是导演的二次创作，某种程度上，对舞台效果来说更重要。我觉得布袋木偶戏对导演有自己独特的高要求。拿到剧本以后，这出戏主要展示什么给观众，我会躺在床铺上，脑子里一直思考这些问题，逐一查解。这一点上，布袋木偶戏导演跟影视剧里编导和剪辑是一样的道理，但是又有一点不同。我一直觉得，木偶戏应该主干清楚，枝蔓不要太多。木偶是小戏，你把很多的故事、很多的人物交织在一起，会让观众看不大清楚，所以我做的最重要的第一步，一定是删减枝蔓，先把主干理清楚。

其二，导演与编剧的关系。我曾写过一篇文章，提倡导演的早期介入，认为这样可以省很多无用功，可以少走一些弯路。当然也要让编剧信任你，觉得你的思路好。编剧他当然希望自己写的文本故事引人入胜，情节要交代得很清楚。但导演方面考虑的是要怎么样上演，观众才喜欢看。应该是主线清楚，靠木偶来加花，而不是用故事来加花。你故事性的东西越多，木偶的表演就越少。在木偶这种小戏里，故事讲得拖沓冗长，有时反倒讲不清楚。《钟馗元帅》就是个例子，我起先按着这个思路进行删减时，剧作者庄火明老师还是持保留态度的，但是一步一步地上演到得奖，庄老师也越来越满意。这之后凡是他写的戏，他都放手让我改，包括福建省第25届戏剧会演的《海峡女神》，颂扬妈祖的偶戏。还有《神笛与宝马》等都是以这样的思路来完成的。所以导演跟编剧的关系，应该就是信任和磨合。

其三，导演与舞美的关系。比如与舞美刘焰星的合作，主要在于意图的理解和默契。如《钟馗元帅》里面的台阶、挡板的设计等，就是个很好的配合。还有《少年岳飞》等也是如此。现代舞美的电脑背景，我不主张在布袋木偶戏里多用。因为，在舞台实践中来看，运用太多电脑背景有喧宾夺主的反作用，木偶表演反倒被弱化了，而且达不到舞台剧应有的效果，反而有点像看电视的感觉。

其四，导演与演员的关系。布袋木偶戏的导演也是动作设计、武术指导，也要注意发挥木偶的潜能，避开木偶的弱点。比如木偶表演，最难的就是换手，导演必须对这些动作设计都很熟悉。又比如《招亲》里，演员有个单手举重，对动作及其可行性要进行设计。这都要求导演还必须具备演员技艺基础，才能知道什么能演，什么演不了，还应该切合演员的实际技术进行调整。木偶演不了的，甚至要改换剧情。比如《水仙花传奇》《三打白骨精》都有过这种情况的调整。甚至，原本排好的戏，到了一个新的环境和场地

洪惠君在 52 集木偶电视剧《跟随毛主席长征》中饰演花娃（2007 年摄）

后，动作上有时也需要有些微调。这些导演也必须谨记在心。

　　其五，导演与音乐的关系。虽然现在音乐包括声腔、道白、乐队，都可以事先录音，不像以前那样临场演出，但还是应该编排。戏要演过一段时间以后，相对成熟了才进行录音，如果你还没演就开始录了，照本宣科限制了木偶的动作，那么木偶做动作的时间长短就很难协调。另外，有些音乐风格的前后衔接太过紧凑，也不符合木偶的表演特点，导演要将其留个气口，以舒缓动作节奏。再比如有些剧情发展中只有道白，导演应该再补上背景音乐来衬托，像加上一段大广弦等，这样歌仔戏的情调就出来了，不再显得那么干涩，而且也会反过来烘托动作。这一点，对老戏新排也是一样的，比如我们第一次组团去台湾时带去的《三打白骨精》，该剧虽然在"文革"后盛演不衰，但从实践结果来看，音乐太长导致全戏的节奏发展比较拖沓。我在赴台前指导时，还是坚决地对音乐进行了改编。

　　总之，整出戏的方方面面，导演都应该考虑周全。有很长一段时间，排戏时主要是庄火明编剧，叶美荣作曲（早期合作不是她，后来我们合作的时候是她），刘焰星舞美，我导演。我们在艺术创作各方面都可以独当一面，几个人一直合作得蛮好的。

传徒授艺

　　从艺 40 余年来，我有一个重大的心愿，就是把杨烽老师传给我的漳州布袋木偶戏技艺尽可能多地传给下一辈。所以现在除了木偶剧团的业务工作之外，我把重心放在了漳州布袋木偶戏的传、帮、带上，正式收徒 30 余人，领着青年演员们到城乡各地表演，实践"弄偶成人"。

　　在传承方面，这些年我逐渐把表演舞台留给青

洪惠君与女儿洪逸菁(2014 年摄)

洪惠君教授漳州木偶艺术学校学生（2014 年摄）

年一辈，自己倾心传授布袋木偶艺术，通过上海戏剧学院、闽南师范大学、漳州木偶艺术学校、漳州第二职业中专学校、漳州市实验小学、巷口中心小学等院校的木偶专业和兴趣小组等途径，手把手进行系统教学，迄今学生们已获得过全国及省市多项大奖。到目前为止，我参与的漳州布袋木偶戏教育已经涉及高等教育、中专教育、小学教育、社会教育多个方面。

具体说来，高等教育方面，在上海戏剧学院与漳州市木偶剧团合办的"全国首届布袋木偶大学本一班"，共培养学生 25 名；2005 年被闽南师范大学聘为客座教授至今，为校木偶学会培养 360 名非职业大学生表演者。中专教育方面，从 1977 年福建艺术学校招收第一批木偶班到现在，38 年间，我亲自带出 7 批学员，共计 133 人。其中大多数进入国家或民间职业木偶剧团，成为接续漳州布袋木偶戏技艺的表演骨干。学生庄寿民（国家二级演员）、吴瑾亮、姚文坚、梁志煌、许昆煌、李智杰等获得全国比赛

洪惠君在漳州师范学院（现闽南师范大学）进行教学（2010 年摄）

大奖。为漳州第二职业中专学校培养 22 名专业布袋木偶表演者，输送至厦门、漳州、台湾等地从事木偶演出。小学教育方面，为漳州市实验小学、巷口中心小学、浦南农村小学、厦门翔安内厝中心小学、实验幼儿园、机关幼儿园成立木偶兴趣小

洪惠君等人为金边皇家大学学生表演漳州布袋木偶戏《大名府》（2015 年，范晋阳摄）

组，几十年来，学习表演木偶的幼童和小学生已累计达一千多人。学生获得文化部第十届中国艺术节比赛"群星奖"及省教委等单位举办的多个戏剧比赛一等奖。

近年来，我还作为联合国优秀实践名册"福建木偶戏后继人才培养计划"中的个人，多次带队随联合国教科文组织亚太培训中心赴柬埔寨、印度尼西亚、澳大利亚等多国进行表演，向亚太地区国家介绍福建木偶戏，并参与培训。这些传徒授艺的活动，不论是长期的，还是讲座性质的，都是希望通过个人的力量，把漳州布袋木偶戏更好地推广开来。

展望偶戏

从新中国成立后的几任团长来说，岳建辉团长，我，还有前几任老团长，各自领导的风格和艺术，包括工作习惯和手法，肯定有所不同，但共同的就是对木偶剧团寄予厚望。可以说我遇到的机遇比较好，在我任团长的那段时间，遇到了全国范围内的几场大赛，我们漳州布袋木偶戏都参加了，并得过文华奖、五个一工程奖。加上我们那个时候的创作班子比较强，包括演员技术也都比较成熟了，比如庄陈华、蔡柏惠、陈炎森、朱亚来等，那个时候都年富力强，而且有很多的积淀以及很高的技艺。可惜岁月不饶人，他（她）们现在都退休了。

我常对年轻人说，那个时候我在导演时，无论要谁出场，他们都会主动地说，我在这里设计个什么动作，而现在的青年演员，基本上还是需要导演来设计人物，具体指导做什么动作。我有时候很操心，就是因为现在的背景音乐是录音的，如果你舞棍的动作要不开、卡住了，要调整都没办法调整，总不能把录音关掉吧！

投身于布袋木偶戏，我觉得除了灵气天赋之外，更重要的还是要靠想法，苦练扎实的基本功，敢于精益求精，凤凰涅槃。你得把自己的全部思想都交给漳州布袋木偶戏。我到现在还另辟蹊径，去参加闽南话的角色配音，根据不同角色行当，配出不同的唱念音色，这是很有意思的"社会实践"，其实可以从成熟的"人戏"领域中"偷师"，学到不少东西。

我们当时进入漳州市木偶剧团的时候，杨烽等老艺术家们都在剧团。那时他们有空的时候，就坐下来跟我们聊戏。可是时间过得很快，现在连我们这一批当年十几岁的人大多也退休了。现在团里的这一批演员，翻排传统剧目比较多，排新戏的比较少，表演能力强，但创作能力还有待提高，我们真的很希望年轻人能够顶上来。

另外，从福建省第十八届戏剧会演开始，我就一直当导演。现在木偶剧团的好演员不少，但是最缺少的就是专业的导演。主要是因为木偶的导演，要熟知木偶的特性，很多戏的剧本拿来，开始排练的时候

洪惠君在 52 集木偶电视剧《跟随毛主席长征》中饰演蒋介石（2007 年摄）

洪惠君带队参加首届中国南充国际木偶艺术周与联合国教科文组织国际木偶联合会秘书长雅克斯合影（2014 年摄）

总有一些不足，随着演出的推进，导演要一步步去琢磨，一步步去改，那叫千锤百炼。演员当了这么久，小有所成，因此，我经常动脑子，看到有些木偶表演的短处，就尽量去回避；有些木偶的长处，就尽量去发挥，这样才能更吸引观众。

原福建艺术研究院院长王评章最近看过我们的木偶戏演出以后说，现在这批年轻人比起当年的漳州市木偶剧团老演员还是比较弱。省里老领导的这些评价，我自己作为主抓布袋木偶戏演练的艺术总监，还是有责任的，应该尽快地改变过来。团长与我也在商量，明年找三四个小戏，指定几个人，每人主演一戏，比赛看谁排得好，谁更有潜质，给青年的一代加加压力。今后，每每出去演出，也都要求他们，在戏演完之后，作个回顾，木偶动作的长短对错，让青年演员们应该及时有个小结。比较着急的是，我们都要退休了，现在这帮年轻人能不能顶得起来？

三

——记表演

开合天地　指掌乾坤

介绍

与庙宇中那些只能仰视的神像不同，这些在雕刻上具有"北派"特点的布袋木偶，经过演员们灵巧的操作，可以打破静态形象，体现出作为戏剧角色的生命存在，塑造出动态的戏剧人物性格。闽南俗语"掌中弄巧"，就是赞赏艺人们能人格化木偶，赋予"布袋戏尪仔"以生命、灵性与神奇的本领。

据（清）沈定均主修《漳州府志》卷三十八《民风篇》记载，南宋绍熙元年至三年（1190—1192），宋代理学家朱熹任漳州知州时曾作《谕俗文》"劝谕禁戏"："约束城市乡村，不得以禳灾祈福为名，敛掠钱物，装弄傀儡。"①朱熹用"装弄傀儡"这个词，描述漳州民间存在演木偶戏的活动，而"装""弄"两字的确真实、精妙地表述了构成布袋木偶戏表演的艺术要素。首先，"装"指的是第一要素——造型艺术——装者，形象制作也，可指布袋木偶戏的偶形雕刻；"弄"指的是第二要素——操纵艺术——弄者，即戏耍、操作，指布袋木偶戏的舞台演出，如果离开了真人的操纵，就成不了戏。"装弄傀儡"，这是漳州布袋木偶戏的"操纵技术"，也是"表演艺术"的同义语。而漳州布袋木偶戏享誉国内外的"北派"绝技——带有京剧程式化动作的武戏，以及干净利落、明快强劲的手指技巧，皆万变不离"装""弄"二字。

传统布袋木偶戏的表演，遵从木偶戏"以木为偶，以偶做戏"的特点。但布袋木偶戏在木偶的操作方式上，与其他木偶戏有区别：大部分木偶都属于间接操纵，即木偶连接在操作工具上，通过人手操作工具来牵动木偶，比如提线木偶依靠提线牵引，杖头木偶、铁枝木偶依靠托棍②支撑，而只有布袋木偶戏，是演员用手（尤其是手指），直接操纵舞弄偶人，因

---

① 见《四库全书》集部别集类，南宋建炎至德祐朱熹《晦庵集》卷一百。
② "托棍"即操纵杆——分为主杆和侧杆。主杆持头，侧杆持双手。

此闽南语中又称布袋木偶戏为"指花①戏"。除此之外，仔细观察布袋木偶戏对木偶的操作方向，也与其他木偶戏种不同：有别于提线木偶"上弄下"、铁枝木偶与皮影戏"后弄前"的操纵方向，布袋木偶戏是演员的手掌由下而上套入偶身布套，食指托头部，其余四指分别操纵木偶的两臂，在覆盖的布套内进行表演的，属于"下弄上"，这倒与杖头木偶的操作方向相一致。

　　漳州布袋木偶戏"北派"表演风格的技术关键，在于"一心两用"，

漳州布袋木偶戏表演的"一心二用""下弄上"（2015 年，高舒摄）

经典传统剧《卖马闹府》剧照（2004 年摄）

即以左手为主手，双手皆能独立演出，同时又是双手两个角色合演"对手戏"。这种在常人看来无法兼顾的本领，是漳州布袋木偶戏演员必须具备的基本功。所以，单个角色表演时，演员一手操作布袋木偶，另一手辅助木偶的腿部动作，双手表演时，左右手各自操纵一个木偶，同时表现两尊性格截然不同的人物形象，做出舞刀、骑马、射箭等高难度动作。除此之外，"北派"操纵技巧中还要求熟练运用"反套"②和"飞套"③等一系列程式动作，使演员能通过运用偶人的立姿、头姿、手姿、步姿，模仿真人，体现出角色的人物特性，写实

① "指花"就是指头上的花样，有妙指生花之意。
② 演员的手悄悄地反转过来，背向套着偶人，完成偶人"背手"。
③ 偶人飞脱出操纵者的手，或腾空，或跃墙，套入操纵者的另一只手。

或夸张地塑造富有内心活动的偶人形象。

漳州布袋木偶戏是偶戏而不是人戏。因此，在剧目选择和表演内容上也充分地发挥了偶戏似像非像、若有还无、时真时假的意味。它可以通过模仿真人，通过人偶特技，重现真人世界里常见的饮酒、吐水、抽烟等生活动作，让你"以偶为人"；也可以跳出对人的行为写实，设计出丑角把脖子拉出几倍长，或一口被老虎吞下肚再活着出来，而人物"狗腿子"的腿断了，搞笑地接上了一条狗腿……这剧情中的戏谑与趣味，是真人演员即使用

新编剧《招亲》布袋木偶单手举大石（2006年摄）

新编剧《招亲》布袋木偶脖子夸张地拉长（2006年摄）

特技训练都不可能表现的。正是这些对漳州布袋木偶戏来说毫不费力的妙笔，让小木偶大显身手，满足了观众"真戏假做"和"假戏真做"的好奇心理，在表演过程中达成演员、偶人、角色三者的"自我"统一。正因如此，才有"偶戏演员能演人戏，可是人戏演员却演不了偶戏"之说。

值得一提的是，"北派"布袋木偶戏的表演功夫都是"真刀真枪"练出来的，毫无滥竽充数的可能性。它的立派基础，就靠着演员们幼年即已劈开90度角的手指基础和自小学起的复杂武戏套路。时至今日，漳州布袋木偶戏人始终未改苦练手指基本功的传统。后文中，我所采访到的所有演员，没有一个人不是从小学毕业就练起了劈指等一整套手指功的，有些人甚至长期经历用冰水浸没手指，直至冻僵，举手练手指功，暖热手指，

短剧《大名府》布袋木偶"倒酒"（2006年摄）

再浸冰水，"酷刑"一般循环往复的练指过程。他们几经挑选，先天指头条件佳，又在手指正生长发育的年龄进入专门的艺校木偶班，经过六年左右从表演到乐器，包括木偶雕刻、缝制的基本功训练，终于进入木偶剧团，还要在老师傅的带领下，经过近十年的跟团磨炼，这才逐渐撑起了台面。因此，人戏演员也许十数年就晋升为老演员，可在漳州布袋木偶戏的演员群体里，偶龄三十年的都还算作是刚找到感觉的"年轻"一代。

表演，永远是漳州布袋木偶戏"北派"传统的基础。对没有表情、肢体简单的木偶来说，彻头彻尾地模仿人，专攻唱腔，可能真不足以体现它的偶趣和偶味，漳州布袋木偶戏的灵活用乐，不多开唱，设计动作，重视锣鼓节奏，发挥程式化的武打动作，恐怕不是简单的歪打正着！

世界上的木偶戏不少，漳州布袋木偶戏从新中国建立起就一直作为我国木偶戏的代表，频繁出访，参赛折桂，甚至作为区域非物质文化遗产保护的典范，参与联合国教科文组织亚太地区的相关交流活动，恐怕也并不只是因为在表演技术上绝不放松！

（一）庄陈华

简介

庄陈华（1944.5— ）

　　男，汉族，福建南靖人。福春派第五代传承人。师承漳州布袋木偶戏表演大师杨胜。国家一级演员，享受国务院特殊贡献政府津贴，2008年被认定为国家级非物质文化遗产项目木偶戏（漳州布袋木偶戏）第二批代表性传承人，第三届中华非物质文化遗产传承人薪传奖获得者。1958年考进龙溪专区艺术学校木偶科，1960年提前毕业，进入新组建的龙溪专区木偶剧团（现漳州市木偶剧团）担任演员。曾任漳州市木偶剧团名誉团长，中国木偶皮影艺术学

庄陈华

会副会长、名誉会长，获文化部非物质文化遗产保护工作先进个人称号。

　　他以丑角见长，同时擅长表演各种飞禽走兽。他攻克了传统布袋木偶戏表演的关节腿的难题，创造了独有的丑角步法和"以嘴咬线拉帽"的拉线技巧。1979年获得福建省青年演员优秀奖；1992年获得文化部优秀表演奖；1994年获全国木偶艺术精英荣誉称号。他凭借在《大名府》中的优秀表演获得捷克国际木偶节表演奖，又凭借《狗腿子的传说》获得文化部授予的全国优秀演员奖。由他担当主演的《卖马闹府》《八仙过海》《三打白骨精》《钟馗元帅》《狗腿子的传说》等一系列剧目，成为"北派"木偶戏的精品。

采访手记

采访时间：2015 年 12 月 1 日、2016 年 2 月 10 日

采访地点：漳州市华元小区庄陈华家、漳州市木偶剧团

受访者：庄陈华

采访者：高舒

  见到庄老师真人，是在我读了他女儿庄晏红写的《掌上春秋——木偶表演艺术大师庄陈华画传》一书的六年之后。巧合的是，我在非遗工作领域里也不断发现他的名字，先是国家级非物质文化遗产项目木偶戏（漳州布袋木偶戏）代表性传承人，接着是文化部非物质文化遗产保护工作先进个人称号，再到近年，他已经是第三届中华非物质文化遗产传承人薪传奖的获得者了。从非物质文化遗产的工作角度来看，被评为国家级项目的代表性传承人已经非常不容易，能够在目前全国四批共 1 986 个传承人中脱颖而出，成为当年全国 60 位薪传奖获得者之一，更是难上加难。但是，他都做到了。

  用木偶剧团里老人们的话说，庄陈华这几十年的生活过得跌宕起伏，但只要你跟他聚在一起，就有数不清的段子听。他是个以表演木偶丑角"城门官"①闻名的人，四十岁前后正遇上"放开搞活"的热潮，他拢了几个亲友同事，"承包"一个木偶戏小分队，五个人推着装满布袋木偶戏行头的小板车就奔向了上海。那一年，他们到一所所小学、中学里给孩子们演出漳州布袋木偶戏，演遍了上海市的九个区县。之后他又在天津、四川、福建等地如法炮制，度过了一个个春秋。当年唯一没去成的上海市黄浦区成了他现在的遗憾。我想，这也许算是最本真的一种送戏下乡、进社区、进学校了。

---

  ① 木偶戏《大名府》的主角。

他的家庭是漳州布袋木偶戏的典型，他自己从事布袋木偶戏表演五十多年，妻子掌握漳绣技艺，一直陪伴他在木偶剧团制作布袋木偶服装，女儿从小跟父亲学习木偶表演，不但得过不少奖项，而且二十岁出头时就担任过漳州市木偶剧团的副团长，

笔者采访庄陈华（2015年，姚文坚摄）

代表福建省参加全国青年歌手电视大奖赛抱回了荧屏奖，现在去了厦门文联文艺创作基地。那天我去探望他的时候，师母在工作室未归，家里挂满了女儿和他的合影，橱窗里摆着他一辈子拿到的各种大奖，大厅里的电视热闹地演着，但是，偌大的家里只有他自己。

采访结束后一起用晚餐，他与我交谈依旧轻松，不时透露些生活中的"傻事"，让人喷饭。也许是从生活里看出了"丑"的哲学，或者是"丑"的逗趣搞怪已经融进了他的日常。叹一声——"难得糊涂"，这就是丑角演员的人生。

庄陈华口述史

高舒采写、整理

首届艺校生

我是从漳州南靖县山城镇来到漳州的。我14岁那年，读的是南靖县畜牧学校。有一天我像以前一样赶着学校的羊群上山放牧，我母亲突然跑到山上来，告诉了我一个喜讯，就是艺校木偶科到南靖县城来招生。我以前就很喜欢看布袋木偶戏，听到这个消息特别开心，赶紧把赶羊的鞭子交给我母亲，下山往县里跑。那个时候招考的老师我不记得是谁了，但老师问我有什么艺术特长，我还记得清楚。我就说，我特别喜欢木偶戏，我还会捏泥偶头。之后，老师就让我简单地唱歌和念诗。考试结束，我填了个报名表，回家等消息。

没过多久，录取结果就公布了。我特别高兴啊，但是一看那通知书上，艺校木偶科的录取名单上并没有我！我又仔细一看，怎么被美术科给录取了？后来我去找招生老师，他说我考试的时候说自己能捏泥偶头，说明我喜欢美术。我赶紧跟他解释，不是这样的，我其实是在表达自己喜欢木偶戏。可是，那个时候老师说新生都已经分班了，让我还是先去美术班上课。

在美术班的那几天我都心不在焉，经常跑去木偶科的教室看杨胜教课，越看心越痒。有一天我实在忍不住了，就跑去跟杨胜说我想要转到木偶科。杨胜就即兴拿了一个木偶头套在我的指头上，叫我表演看看。我也没怯场，反正小时候经常看，于是就念了几句锣鼓经，然后手上来了几个亮相。杨胜看得还挺满意的，说下午对我进行一场补考。

那天下午，我按着老师们的要求进行了劈指、压指等几个演木偶戏的基本动作，在场的老师还让我写了一篇作文——《我为什么要当木偶戏演员》。第二天下午，教导主任就通知我，说学校同意让我转到木偶表演班。

那个时候，艺校校长叫作阮位东，他跟我说，听各位老师反映，我挺想学木偶表演专业的，那就希望我在今后的三年好好学，学出个样子来，为漳州布袋木偶戏争口气。但是那天我的专业老师杨胜也告诉我，我的手指头又粗又短，先天条件不是很好。他让我一定要能够吃苦，每天坚持练习手指的基本功两个小时，这样才能弥补先天的不足。所以，我当时就在木偶科学了起来，铆足了劲，每天练习不少于四个小时，这才终于有了一些成绩。

我们 1958 年进校，当时是艺校木偶科的第一届学生，同班同学有朱亚来、许丽娜、陈汉青、郑如锷、沈月云、刘彩云、辜素琴，女生比男生还多。在我们的老师杨胜这一辈，漳州布袋木偶戏是不分行当的，民间艺人各种角色都要会演。但是到了我们这一代，老师就给分行当了。原因是杨胜想按正规的京剧团的行当这一套体系来进行管理。那时，老师分配给我担当的是丑角，当然别的角色也要学，但主攻的是这一行当。

1959 年 5 月，福建省青年演员会演，龙溪专署文化局从艺校木偶科选出了 7 个学生参赛。那次在福州的演出，我演了《抢亲》里的严世藩，由于是丑角，严世藩蛮横好色的嘴脸让人印象深刻，得到了观众的一致好评。当时观众席中，时任福建省文化局局长的陈虹听说是艺校木偶科的学生在演出，还专门让工作人员拉开了幕布，请

庄陈华表演传统剧目《卖马闹府》中的严世藩（2007 年摄）

全场观众为学生们鼓掌。正是这位陈局长，后来力推漳州布袋木偶戏走上全国乃至世界的舞台。

学艺恰逢时

艺光木偶剧团是杨胜原来在漳浦的剧团，南江木偶剧团是老艺人郑福来、陈南田的剧团。郑福来的儿子郑国根、郑国珍也在南江木偶剧团。郑福来不擅长木偶动作，但是口白挺厉害，陈南田口白一般，但他很擅长表演布袋木偶的短打戏。当然当时论手上功夫，大家跟杨胜比起来，那就都差得多了。尽管如此，两个团的风格都是一样的，都是"北派"漳州布袋木偶戏，只是技艺所长有些不同而已。

1959 年，当时的南江木偶剧团（1951 年成立）和艺光木偶剧团（1953 年成立）要合并，成立"龙溪专区木偶剧团"。本来是不同的民间剧团，大家为了争口饭吃，比来比去也很正常，现在合并了，一拿国家工资，那种民间讨生计的争斗就少多了。

庄陈华（右二）在北京参加传统剧《郑成功》演出剧照（1960 年摄）

当时，我们在艺校临近毕业，年纪还比较小，记得最初合并的时候，剧团的名称还没有改，还是以南江木偶剧团为主，但是新剧团缺少演员。杨胜老师的工作关系先从艺校转入木偶剧团，我们这一届艺校木偶科本来的学制是三年，当时他说，"你们1961 年毕业再过来"。1958 年 9 月份到 1960 年 10 月份，即入学两年又一个月，我和艺校的七八个同学就提早毕业了，跟着杨胜老师，被安排到龙溪专区木偶剧团实习。由于提前毕业，我们都是担任表演演员后才去办理的毕业证书，转为正式团员。杨胜原本在剧团里也正缺人手，我们进剧团以后，杨胜老师这边的人就多起来了。

那个时候木偶剧团排的剧目是《路打不平》《抢亲》《小岳云保家乡》《雷万春打虎》，这些戏我在艺校念书的时候就排过了，所以很熟悉。

到剧团里后，我又参加排演了《卧薪尝胆》《郑成功》，还跟随团里下乡到农村，去演出幕表戏，当助手演员。1960 年，杨胜、陈南田他们出国参加罗马尼亚布加勒斯特第二届国际木偶与傀儡戏联欢节得了大奖。这一次的比赛人员还有郑国珍，他是后台乐队人员，另有一位九杉老师也是乐队人员，姓什么给忘了，演的是《大名府》《雷万春打虎》。另外晋江木偶剧团的李伯芬，也来跟我们合在一起演出，他只是在《大名府》里面耍了个棍子。老师们回国以后，我就跟着开始排演《大名府》《战潼关》《雷万春打虎》《抢亲》这四套偶戏。就这样，1961 年到省外巡回演出时，我们青年演员已经全部都能演出这四套戏了。

现在业内、业外都认为，是因为 1960 年杨胜、陈南田他们出国，才把漳州布袋木偶戏和他们个人的国际名声打响了，其实并非如此。早在 1960 年之前，他们就已经名声在外了。1957 年，当时龙溪专区木偶剧团还没成立，福建省文化局（当时不叫文化厅）把身为民间艺人的杨胜、陈南田组织起来，去苏联、保加利亚、匈牙利、法国等七个国家参加演出和比赛，当时他们回国的时候在国内木偶界非常轰动。杨胜 1962 年在上海拍电影《掌中戏》，他那个时候才 53 岁，工资 150 多元，跟当时的地委书记一样的工资水平。1963 年 10 月受印度尼西亚妇女运动协会的邀请，杨胜、陈南田、郑国根、朱亚来和我，我们五个演员到印度尼西亚的很多地方演出，当时那边也是共产党执政。应该说，这些出国演出在当年都是反响很好的。

动荡"文革"

1964 年，龙溪专区木偶剧团开始排现代剧，杨胜、陈南田带着大家演《奇袭白虎团》。1965 年到 1966 年，古装戏不允许演了。剧团新排了好几个剧，记得有《东方红》《智破平峰城》《送皮包》等，也算是跟当时的国内形势接轨。

"文革"中期，我们排的这类现代剧目就更多了。基本上八个样板戏都排了布袋木偶戏的版本，其中有的是排演某出戏的片段。尤其是当时剧

杨胜在上海美术电影制片厂指导庄陈华 庄陈华在印度尼西亚雅加达演出现场（1963
（前排左二）等学生演出《掌中戏》 年摄）
（1962年摄）

团的《智取威虎山》，堪称我们的镇团之宝，当时领导来参观剧团或剧团
到部队慰问，都会演这出戏。1966年还有一部《椰林战歌》，演的是支持
抗美援越的内容。

这些现代剧目全部用普通话表演，有一部分配音是现成的，将电视、
电影的录音截下来，其他的剧目就是我们自己编的普通话，当然如果需要
的时候，我们也改用闽南语配音。音乐的使用也一样，杨胜老师原来用
的音乐是京班底（京剧音乐），原来漳州一带也有不少京剧的剧团，唱
腔用京剧，道白用闽南语，穿插在一起表演。所以，漳州布袋木偶戏一
直强调自己是"北派"沿袭下来的风格，这种京腔京调说唱、闽南语道白
穿插进行的形式，不只在漳州地区，在台湾地区也一直沿袭到现在。这可
能也是漳州布袋木偶戏的一个特色。只要能让观众看得懂，就没有什么
问题。

我们的老师傅们的口白非常好，可以连演20天，像连本戏《七侠五
义》演完后，就演《小五义》，接着又演《续小五义》，他们很熟练，能一
口气一直演下去。也就是因为他们太熟悉了，有一次特别有意思，演《三
国演义》演到一半，老师傅突然间脑中一片空白，接不下去了，结果只好
八个演员轮流上，锣鼓不断，表演武戏对打，从一对一，二对二，三对
三，逐步增加到四对四，对打半个多小时后，老师傅猛然想起唱腔口白来

了，才又回来继续把戏演下去。不过随着木偶剧团表演分工越来越明确，武打表演动作多的时候，杨胜、陈南田、郑福来他们就逐渐地全心在表演了，唱腔多由乐队来承担。为什么由乐队承担呢？因为乐队的人平时也唱京剧，相当于是唱腔老师。

1959 年到 1961 年三年自然灾害，我们团演出一场收入 20 元，这钱是公家的，大家不能分，因为你个人是拿工资的。但是平时大家都吃不饱啊，还要演戏，表演也是力气活啊，所以得要点东西充饥。团里就想办法让演员们吃些点心，其实就是用空心菜在开水里煮一下，一人吃一碗空心菜。再有就是让演员吃茄子。我现在回想还觉得，茄子最好呀，煮熟了，一人一条茄子，蘸酱油吃。那时大家最期待下乡演出，演庙戏到深更半夜，农民们就给全团一些地瓜，煮点儿吃后剩下的还能带回家。那都是年轻的时候，20 来岁，我的父母亲都在南靖不在身边，没什么吃的，一天只有几两的米怎么够吃饱？团里上上下下的演员都是这样。所以那个时候大家特喜欢到农村去演出。

"文革"过后，木偶剧团演出的人员一天可得到两毛钱的夜餐费。当时政策是接受贫下中农再教育，有时下大雨也不能停，必须继续演，贫下中农没叫你停，你怎么能够停？还让我们剧团演员们下乡去割稻子，我们的手是用来演戏的，于是就想办法，割一点就消极怠工，村里便改叫我们演戏。这是我们最乐意接受的，因为是我们的本业。后来教育结束，回到了市里，村委会还写信到文化局表扬我们，说我们接受教育表现得多好多好，其实，是我们当时在那里把布袋木偶戏演得很好。

当年的艺人，长期在民间演出，本来就非常苍老，郑福来也是，老得都不成样子了，不像现在这一代艺人，将近 60 岁了看起来还那么年轻。在"文革"期间，杨胜、陈南田、郑福来、郑国根等，还有乐队人员，每个老艺人都被批斗了，其实那个时候，他们才都 50 多岁，但是看起来已经非常老了。

"文革"期间派系斗争非常激烈，派别分化十分严重，没有办法上班，工资也停止发放了。我们那个时候才二十一二岁，属于热血青年，就让农村的贫下中农拉来了三辆板车，放在剧团门口，半夜从铁门爬进去，把门打开，把一箱箱的道具搬出来，运到乡下演出。由于我们的节目演出非常好，很有市场，广受欢迎，各派都争着请我们去演出，也有收入，我们用赚的钱买了很多设备，比如大的录音机、灯光等。年轻人当时就发现，凭借技艺，不靠单位，我们自己也可以过得很好。

行艺天下

好不容易熬过了"文革"十年，改革开放期间，由于政策允许，1983年，我们一家子，还有几个徒弟，向剧团申请，不拿工资，搞承包，组成了演出队。我前后到不同省份去演出，一去就是三年。我们不是"下海"，也不是停薪留职，我们是承包，不拿工资，每个人每个月交20元管理费给剧团，就凭胆量和技艺闯天下，但是说心里话，实实在在是非常辛苦。

庄陈华在福州演出福建省电影制片厂的木偶故事片《自相矛盾》（1982 年摄）

当时在木偶剧团，我的月工资才40多块钱，以前到上海巡演也才50多块钱。但是，承包后到上海演出的第一个月，我个人就分到了500元，后来在上海的每个月，我差不多都能拿到500元。到天津演出以后，我每个月能拿到800多元。到四川以后更多，一个人一个月能有1 000多元，当时乐坏了。要知道，那个时候，单位的工资调高，也只是一个月100来块钱，而我们干一个月几乎能顶上一年。

我们出去的五个人，都是木偶剧团里面的工作人员，四个是演员，我，我老婆，还有我徒弟，另一个叫陈维奇，专门负责联系工作，也兼任电工。演出时电器坏了，比如扩音器等，都要连夜修理。由于要控制成本，没有办法带乐队了，音乐都用录音解决。我们自己拉板车，载着木偶

庄陈华在台湾台南与明兴阁掌中剧团创始
人苏明顺交流表演艺术（2001 年摄）

庄陈华与女儿庄晏红与杨胜之子杨辉交流
（2005 年摄）

道具，到一个一个地方去表演。在重庆山城尤其累，因为要把道具、设备
搬上去，上下都是 200 来个台阶。

其实那个时候的承包队去省外演出，是作为漳州市木偶剧团的小分队
去的，很正规。演出队到各地去演，必须逐级往上报，要拿着剧团给我们
的正规演出证明，那是文化部发来的演出证明，
还要有我们省文化厅的介绍证明，另外还要联
系所到省的文化厅、教育厅。如果到市一级演
出，还要联系市文化局、教育局。如果要到学
校演出，也要事先与学校联系好才行。

有一次在重庆演出的时候，重庆市文化局
来查我们，问我们从哪里来，有哪里的批准，
我们说是福建的漳州市木偶剧团，还拿出了文
化部的证明，还有省里文化局的证明。来检查
的人一看，就放心了，说你们演得很好、很辛
苦，就走了。要知道，当时漳州市木偶剧团的
演出队，能够有文化部一级的演出证明是很难
得的，很多地方的木偶剧团根本没有呢！

庄陈华国家级非物质文化遗
产项目代表性传承人水晶座
（2008 年摄）

我们前后演了三四千场，但是体验了承包
的经历，我就想安心在家不再出门闯荡了。到

庄陈华在福建艺术学校漳州木偶班（现漳　庄陈华在台湾向小朋友讲解木偶表演技巧
州木偶艺术学校）辅导学员（1978 年摄）　（1997 年摄）

了 20 世纪 90 年代，我的承包经历也就结束了，回到了木偶剧团。后来跟着漳州市木偶剧团的同事们排演日常剧目，到全国各地演出，也先后到过澳大利亚、法国、美国、加拿大、英国、葡萄牙、日本、西班牙、比利时、捷克、新加坡等十几个国家表演。

同时，我在我的母校、现在的漳州木偶艺术学校教学生木偶表演。后来陆续得到了国务院特殊贡献政府津贴、国家级非物质文化遗产项目木偶戏（漳州布袋木偶戏）代表性传承人、文化部非物质文化遗产保护工作先进个人称号、第三届中华非物质文化遗产传承人薪传奖。

我现在就喜欢教教学生、做做木偶，我欣慰的是，女儿庄晏红从小也

庄陈华作品"贵妃"　　　庄陈华作品"红花脸"　　　庄陈华作品"关公"

跟我学木偶戏，也曾经是漳州市木偶剧团的副团长，现在工作调动到厦门市文联创作基地负责民间艺术方面的工作，但她还是心系漳州布袋木偶戏，在当地成立了一个木偶皮影传承中心。2005 年 11 月 11 日到 13 日，我还和女儿庄晏红到四川去，在成都美术馆 1 000 多平方米的大厅办了一场我们的木偶展览，题目为"闽南文化走透透"。

（二）朱亚来

简介

朱亚来（1944.11— ）

朱亚来

女，汉族，福建漳州人。福春派第五代传人。师承漳州布袋木偶戏表演大师杨胜。国家二级演员，2008 年被认定为福建省省级非物质文化遗产项目木偶戏（漳州布袋木偶戏）第一批代表性传承人。专修布袋木偶小旦、小生行当，兼演多种角色，功底扎实，是漳州布袋木偶戏业内数一数二的女性表演者。

1958 年进入首届龙溪专区艺术学校木偶科，1960 年进入龙溪专区木偶剧团工作，参与了《掌中戏》《新花迎春》《八仙过海》《擒魔传》等大量彩色木偶电影电视的拍摄，十二次随团出国演出参赛，并于 1987 年至 2003 年担任艺校木偶班的表演教师。1979 年获得首批"福建省优秀青年演员"称号，代表作品有《雷万春打虎》《画皮》《蒋干盗书》《怒打花笑脸》等。其子吴瑾亮从漳州木偶艺术学校毕业后，也入团从事表演。

采访手记

采访时间：2015 年 12 月 3 日、12 月 15 日，2016 年 1 月 14 日
采访地点：漳州市澎湖路漳州市木偶剧团
受访者：朱亚来
采访者：高舒

"阿来"是剧团里对朱亚来的称呼。在这个男生云集的布袋木偶剧团里，有这么一个表演技巧丝毫不让须眉的姑娘，是要让人刮目相看的。更何况，阿来是艺校木偶科的第一届学生，木偶剧团的第一批演员。她是 14 岁被杨胜老师"钦点"，并托郑福来老师多方游说，才从父亲手里请进木偶行业的宝贝孩子。

我见到的阿来姑娘，是年已 71 岁的阿来。她的真模样看上去比年岁小得多，还是一副鸟儿般轻灵的好嗓子，说到年幼的自己，还会孩子般地笑，哼起花鼓调儿，还是《新花迎春》里的那个小旦，而那部《新花迎春》就是后来剧团看家戏《大名府》的前身。

团里最出色的师傅们都是她的师兄师弟，说起她来，尽是一副对年幼小妹妹的关爱，一提起技术来，更夸她是一把好手，不但"北派"的武戏全面，演起文戏来更是细腻精致，直至内心，尽得杨胜真传。更难得的是，阿来还有一副少见的好嗓子，这应该也是杨胜老师着意让她主攻小旦、小生的原因。

笔者采访朱亚来（2015 年，姚文坚摄）

　　她毕业后，回到艺校，带了 16 年的学生。这些学生延续了漳州布袋木偶戏和她的艺术道路。唯一遗憾的是，她还是国家二级演员的时候就退休了。阿来提到这个，有些难过，她说自己照顾子女，操持家业，但表演的功夫一点也不敢落下，其实付出的努力比男演员多得多，虽然大家公认她是一流的好手，但是女孩子这一辈子要演好布袋木偶戏，实在是要付出太多太多，太不容易了！

朱亚来口述史

高舒采写、整理

追随名师

我是 1958 年进入龙溪专区艺术学校的第一期木偶班的学生。艺术学校当时有很多专业称呼为科，比如芗剧科、话剧科、美术科等，后来又加了个木偶科，由杨老师来任教。杨胜老师的老家在漳浦，本来在北京教木偶戏，后来回到了漳州，在艺校办学。因为他刚从北京回来，很多人还不认识他，所以那个时候杨老师在漳州市区还不是很出名。

那个时候家里原来没有人学这个，我会考虑读艺校有很多原因。大概是因为我从小就喜欢唱，喜欢跳，特别爱好文艺。但是我当时想的不是去演木偶戏，而是想演人戏，演歌仔戏（芗剧）。一次很凑巧的机会，也是个缘分吧！我这辈子的命就跟木偶粘在一起了。

我家是个四合院，在原来漳州市区解放路和连滨路交叉的三角地带。有一天杨老师带着一个漳浦的徒弟到我们家的四合院来演出（我们还没进学校的时候，他在艺校有从漳浦带来的两三个学生，比我们入学早了两三个月吧）。为什么会到我们家的四合院演出呢？因为我们院子里面住着一个民间的木偶师傅韩添，在漳州布袋木偶戏的圈子里也是个名家，而且漳州的四合院里两个房间之间有一个厅，正好可以把戏台搭在这个厅里。我坐在房间门口就正好可以看到他们后台侧面的演出。看过演出后，我就很喜欢。演出结束后，杨老师对韩添师傅说，想让他的孙女去考艺校。韩师傅说，我孙女不会唱歌，但是院子里的朱亚来很会唱歌，天天在家里唱歌，声音很好听。于是，杨胜便通过另外一个民间漳州布袋木偶戏师傅郑福来找我父亲，郑福来和我父亲是非常好的哥们儿。但是我 12 岁的时候母亲就去世了，我跟父亲两人是相依为命，我父亲舍不得我离开，所以没有答应。

杨胜在上海美术电影制片厂指导朱亚来（正中）等学生表演《掌中戏》（1962年摄）

杨老师当时40多岁，黑黑瘦瘦的，看起来很老的样子，因为那个时候的生活比较艰苦吧。后来杨老师又多次亲自到我家里，他抓抓我的手，很柔软，适合学布袋木偶，更觉得喜欢。而我父亲还是不同意。后来郑福来跟我父亲说，孩子到那边，就像是我的孩子一样，我自然会尽心照顾她啊。最后父亲才点头了。我那个时候正在念初中，结果就中途不念了，改跟杨胜老师去读艺校木偶科。

艺校首期

艺校的教学，郑福来没有参与，主要是杨胜老师和他的学生负责。杨胜在艺校的时候，带过来了漳浦的一个表演师傅，还有二胡师傅，另外也有一些乐队成员、后台师傅，他专职在学校教学生，艺光木偶剧团也就散了。那个时候，郑福来、陈南田还在南江木偶剧团演出。我呢，艺校还没毕业，但唱起来声音还行吧，他们就常让我到南江木偶剧团帮他们唱歌仔戏，也就是芗剧，跟着他们演出，我帮着唱了一段时间以后才又回到学校。

早期艺校的教学和现在相比，现在的艺校比较有规范性，既有表演课又有文化课。而我们那个时候，主要是表演课，唱腔和口白的课程比较多，虽然文化课也有，但是比较少，也上一些打击乐的课。现在的艺校文化课多，音乐课却越来越少了。

传统上，咱们布袋木偶戏可以边演边唱，但是根据各人的情况不同而定。有的演员自己唱不起来，那就只负责表演，安排旁边的人配音，而我则是边演边唱。杨老师在漳浦艺光木偶剧团的时候，可能他有时也边演边唱，有时由别人配音配唱。我是没听杨老师唱过，但是他表演得非常好，那些幕表戏的道白，杨老师都会自己说。

那个时候，艺校有专门教唱腔的老师，是杨老师的打鼓师傅，会拉二胡，也兼唱京剧，并教我们六七个女孩子唱腔。可能因为我的嗓音优势、兴趣热情等各方面都比较具备，所以学得特别多也特别好，其他同学有人就不喜欢唱。老师一开始让我唱花旦，但京剧的那种假嗓我起先练不来，便改让我唱老旦。我老旦唱得挺好的，比如唱《穆桂英》里的佘太君，这是大嗓，也挺好听。只是我不甘心，便一直按老师说的模仿鸡啼鸣的发音练习。我当时每天早晨还要起来吊嗓，可以不停地唱一个小时，一首一首地接着唱，嗓子都哑了，还在练。天天早晨起来练，最后终于成功了，唱起了京剧和花旦。

木偶表演现在能唱的人太少了，现在年轻人都不练嗓了。前一阵子，我还跟他们说，你们女孩子本嗓要练，假嗓也要练，要能唱起来才有用，不要怕人家笑，把门关起来就可以练。那个时候歌仔戏已经很盛行了，除了唱京剧，也唱歌仔戏。在艺术学校读书时，南江木偶剧团借调我过去，唱的就是歌仔戏。但郑福来老师的儿子郑国珍也会唱京剧，他在郑福来那边，本来是在后台打大锣的，那时就有一些配音配唱什么的。后来木偶剧团合并了以后，他还是打大锣，也兼配音，我记得我们在演《战潼关》的时候，他给杨老师配音马超，唱的就是京剧。

同窗共事

这个学校开办的时候称为"龙溪专区艺术学校"，后来改为"福建艺术学校漳州分校"，现在的名字叫作"漳州木偶艺术学校"。1960 年，我到漳州市木偶剧团，三十几岁以后，一直是剧团的主要演员。当时在艺术学校的时候，一块儿的许多同班同学后来都成了漳州市木偶剧团的中坚力量、台柱，我们这一级，男的有四五个，如庄陈华等。女生也有四五个，我、许丽娜等。男女生人数好像差不多。

杨胜本身具有各个行当的表演能力，要求我们最好也成为多能手，各种行当都要学。我也是各个行当都学了，但上台表演时，演小旦、小生的

朱亚来表演传统剧目《蒋干盗书》中的周瑜
(1985年摄)

朱亚来表演传统剧目《雷万春打虎》中的钟
景琪（1985年摄）

戏份比较多。也有在排戏的时候再进行分工的，比如说当时演的《抢亲》，里面有花旦、小丑、武生，我就演了花旦，庄陈华就演小丑，还有另外一个同学演武生。再比如演《战潼关》，里面有曹操，郑如锷演白脸曹操，陈汉青演武生，陈汉青后来离开了剧团。

那个时候主要排这些戏，如《抢亲》《战潼关》《雷万春打虎》《蒋干盗书》等。这四部戏都是杨老师原来班底的戏，原来的套路就都有了。只是在表演方面，我们在排练的时候，有些动作学生自发地有所调整，有所创作，但基本上还是按照老师教给我们的动作表演，只是有所发挥。

1958年艺校招收的这一届，在入学的第二年正遇上了当时的"龙溪专区木偶剧团"成立。应该说我们这一届进校以后两年多，总的读不到3年时间吧，基本上都到了剧团实践，其后又回了学校，直到毕业后再正式分配到剧团。我们第一届一部分同学学的是表演，当时没有舞美，也没有偶雕，女同学除了许丽娜之外还有郑秀琴、沈月云（当演员当得不太好，后来改打小锣），另外还有辜素琴、刘彩云。但后边两个，好像没到团里来，所以对这两个人印象不是很深。男的除了庄陈华之外还有陈汉青、郑如锷（演白脸的曹操）。另外还有一些同学是学乐器的，记得有李天富（大提琴）、黄浦（大锣）、许福山（打鼓），还有林草木（大钹）。以上这些都是从艺校毕业后进入剧团的。

演员和乐队基本齐全了，就是缺了拉弦的，所以郑跃西老师就差不多是在那个时候从芗剧团调过来的。（经笔者查实，朱亚来此处口述应有误。按照笔者采访郑跃西本人所述，他本人在 1962 年艺校毕业后即分配到木偶剧团，只是在"文革"期间，他和许福山都被借调到漳州市京剧团乐队，演出样板戏《沙家浜》《智取威虎山》《红灯记》等。待"文革"结束，漳州市京剧团解散，才又回到了木偶剧团。）

当时有一段时间艺校木偶班和木偶剧团，好像不是分得那么清楚，有点以团办班的形式，如杨胜的儿子杨烽，当时既是木偶剧团的演员，又是艺校的校长。大概在 1978 年或者 1979 年，我被调整到艺术学校当老师。尽管当时我调到了艺术学校，但是好像也没有多少差别，仍然是一边

朱亚来在英国向外国同行介绍木偶戏表演（1987 年摄）

当演员一边教学生，因为本来两边联系就很紧密。过了差不多一年时间，木偶剧团这边要评定职称，那时艺术学校职称人数有限，评定职称比较难，我就又回到了剧团，并评上了国家二级演员。

一直到现在，每一届木偶班的学生毕业的时候，都要表演《大名府》，最多再加个《雷万春打虎》。而《雷万春打虎》剧里的小生就要靠我来教。我因为职业的原因长期站立，腰有毛病，没办法教那么多学生。我只能力所能及地收，不可能收太多，因为身体受不了。而且现在我只能坐着讲课，腰不行了。我想只要他们想学，我也就没有什么好保留的。我的儿子吴瑾亮现在也在木偶剧团当演员，我还把我的孙女儿也送到艺校木偶班来了。

不让须眉

我在这个剧团几十年，酸甜苦辣，什么都尝过。进了剧团之后，我主要还是演小生、小旦，比如《三打白骨精》《八仙过海》（彩色的电视

朱亚来为 100 集木偶电视剧《秦汉英杰》中饰演的虞姬整装（2006 年摄）　　朱亚来在 100 集木偶电视剧《秦汉英杰》中饰演吕雉（2006 年摄）　　朱亚来表演神话剧《三打白骨精》中的白骨精（2012 年摄）

剧）《新花迎春》（一个杂耍，基本上可以说是《大名府》的前身）等剧目里面的主角人物。杨胜老师让我们把行当专业化了之后，每个演员的行当角色就基本固定了，除非特殊情况，不然不会"撞车"同演一个角色。而各种行当里，各个人物都有不同的演法，比如同样是女人，《秦汉英杰》里面的虞姬、吕雉，这些人物的善良和丑恶，性格差距很大，这就需要用各种不同的形式表演出来。

　　"文革"终于结束了，传统戏刚刚可以演，我们就排练了《三打白骨精》，杨烽演孙悟空，我演白骨精，都是自演自唱的，用芗剧曲调，唱普通话，可以说轰动漳州市，一票难求。大家都争着来买票，我们连续演了几个月，都休息不了。那个时候，除了在市区之外，也到县里去，到东山、南靖等各个县去演，但每个县演出的时间都很短，基本上都是群众还不满足的时候，我们就走了，换到另外一个县。有的时候是演到一半，单位这边有什么接待任务，又把我们调回来了。

　　20 世纪 80 年代，当时团里经济很困难，发不出工资，没办法正常演出。迫不得已剧团实行承包制。那时承包有四五个分队，每个分队有五六个人，以小分队的形式出去演出。但当时团里对我还是比较照顾的，一开始承包时没有让我出去，而是留下来教几个学生。那个时候艺校也没剩下多少人了，有点像以团带班的形式进行培养教学，由杨烽和我教他们基本

功。后来我也跟着庄陈华
老师和其他老师的演出队
出去过。承包是很辛苦
的，要到各省去演出，到
学校去演出，有时候生病
了打着吊针还要拉着板车
去演出。小分队里只有几
个演员，所以只能大家多
分担角色。就是那个时

朱亚来在漳州木偶艺术学校教学（2001 年摄）

候，我跨过行当，演过
《大名府》里面的城门官。但是一出木偶戏里，演员的角色出场变换很快，
城门官主要的动作演完以后，就必须赶快交给助手接着演，我则赶快接手
演耍盘子、舞绸子、射箭等，一个一个继续演下去。承包队演出回来，因
为实在太苦了，有些人就转行了。而我在剧团一直担任主要演员，兼在艺
校木偶班教木偶表演，一直到 2000 年退休。

我们漳州市木偶剧团接触影视实际上还蛮早的，那时候是影视公司过
来拍，导演也是他们的。早在 1961 年，杨胜老师就带我们几个学生去上
海拍电影艺术片《掌中戏》。后来在电视剧的合作上，我跟杨烽合作过

《李逵救母》《岳飞》
《擒魔传》等，他擅长武
戏，而我擅长文戏，杨烽
的表演真的非常好，让人
佩服。

木偶影视片和木偶戏
常态演出区别是很明显
的。影视片有实景，有山
有水有树有雾，布景也很
多，偶在其间穿行，而木

杨烽、朱亚来等拍摄 10 集木偶电视剧《岳飞》（1985
年摄）

偶戏常规演出显然不可能有这么多的背景，只有相对固定的一些设施。影视的配音都是后期配置的，虽然现场也说了一些，不过我们的普通话也不行。影视剧的演员，要更多一些，尤其是一些大阵容的，像《秦汉英杰》，将帅兵马人数很多。在操作木偶上，差别不是很大，但要考虑剧情的需要和导演的喜好。另外，影视剧的拍摄手法跟我们正常的表演不一样，有时要单拍、要特写、要其他演员先退下，我们必须服从导演和拍摄的需要。从演员的角度来说，将布袋木偶戏拍成影视剧，其实也是一个很好的学习机会。

（三）陈炎森

简介

陈炎森（1946.1—　）

男，汉族，福建漳州人。福春派第五代传承人。师承漳州布袋木偶戏表演大师杨胜、陈南田。国家一级演员，2009 年被认定为国家级非物质文化遗产项目木偶戏（漳州布袋木偶戏）第三批代表性传承人，福建省戏剧家协会会员，中国戏剧家协会会员。1960 年考入漳州龙溪专区艺术学校木偶科，专攻武生行当表演，1963 年毕业后进入龙溪专区木偶剧团，退休后在泉州艺术学校掌中木偶班教授南派布袋木偶戏。

陈炎森

他的武打动作攻守有序、收放自如、多有创新。比如空拳对打中的躲、闪、击，利用关节连踢三下的腿脚功夫，长靠对打中的惊险动作等。1992 年获得全国木偶皮影戏会演表演奖；2003 年获得金狮奖第二届全国木偶皮影戏比赛表演奖；2004 年参加捷克布拉格第八届国际木偶艺术节获得最佳表演奖和水晶杯；2006 年，参加塞尔维亚、黑山举办的第十三届苏博蒂察国际儿童艺术节大赛获最佳艺术奖，同年参加捷克布拉格第十届国际木偶艺术节获最佳荣誉表演奖。代表作品有《雷万春打虎》《少年岳飞》《铁牛李逵》等。

采访手记

采访时间：2007 年 8 月 17 日，2015 年 10 月 4 日、12 月 11 日等
采访地点：漳州市木偶剧团、漳州市天下广场陈炎森家
受访者：陈炎森
采访者：高舒

　　自陈炎森退休之后，要见到他就没以前那么方便了，自从初次见面以后，我就直觉，这是一位相当有思想的老艺术家。现在泉州艺术学校聘请他为当地的木偶班教授木偶表演，强化南派布袋木偶戏的手指技巧。我见到他的这个晚上，他刚从泉州回到家。我们喝着茶聊起家常，自然而然地就说起了闽南地区布袋木偶戏的教学。

　　他提到，近来一直在思考这么一个问题，就是传统的部分在我们的手上是不是停滞了？他去外地教学，发现直到今天，当地的很多地方戏剧还请来京剧等极为成熟且具有程式性的剧种，在规规矩矩地不断学习，把这些程式继续融入地方戏剧。他当场示范了一些高甲戏的丑角动作，其中一些是现在漳州布袋木偶戏代表作《大名府》里的既有动作，但他还想着，要把这些标志性的地方戏动作多多地变通到布袋木偶戏里，使之更具规范性，也更具艺术性，也让明眼人一看便知——这是闽南的地方戏。

笔者采访陈炎森（2015 年，姚文坚摄）

　　他也说起他为什么去泉州，说他更想留在漳州木偶艺术学校，为

漳州布袋木偶戏教学。但是木偶戏是这样的一个地方小戏，既不需要年年招生，也只需要有限的几个专业教师，他不能夺人之好。好在，他想通了，作为国家级非物质文化遗产项目木偶戏（漳州布袋木偶戏）的代表性传承人，自己的职责是将漳州布袋木偶戏传给喜爱它的社会大众，而并不局限于某地某人。所以，他开始指点南派布袋木偶戏的学生，他说，只要大家都能认识到、学习到漳州布袋木偶戏的精华，这个戏能影响更多的人，自己也就尽到了传承人的一份责任。

陈炎森口述史

高舒采写、整理

从艺经历

我记得小的时候，那时市区有南江木偶剧团等一些地方的民间木偶剧团，还有龙溪专区实验芗剧团等演出许多不同剧种。我母亲很喜欢看漳州当地的人戏。我由于经常跟着去，所以从小就对戏有一种特殊的感情。当时布袋木偶戏，道白说闽南语，唱腔用京剧，锣鼓也采用京剧，不仅杨胜这样做，传统就是这样子。

当时艺校办有很多种专业称为科，如表演科、歌舞科、美术科、音乐科（乐器）、木偶科等，在福建全省都很出名。我 1960 年 9 月考上艺校木偶科，是这个专业的第二届学生。之前的情况是有些零零星星的招生不算届，我们这届是正儿八经的整批招生。学习的内容有文化课和专业课，专业课比现在的艺校学生多一点，有锣鼓、唱腔，唱腔学的是芗剧和京剧。因为母亲原本就对戏很感兴趣，所以当时家里对我学布袋戏也很支持。

1962 年底或者是 1963 年初，艺校木偶科停办，那个时候我才 15 岁，也不懂发生了什么事。我们就整批人来到木偶剧团实践，相当于是团带班了。在剧团一直待到离艺校入学满 3 年，我们毕业，接着在剧团实习一年后转正，成为正式演员，以后逐渐进步成为木偶剧团的骨干力量。应该说在我们艺校毕业生补充进去之前，木偶剧团里面都没有年轻的后备人选，直至我们到位才解决了这个问题。老艺人去世以后，可以说都是艺校的毕业生在团里挑大梁，一直到退休。

我到剧团后分配到演出队二队，由陈南田领队。杨胜是一队的，一队还有庄陈华等很多人，但作为老师来说，他们对我们都是一样的教。我们第一、二届的艺校木偶科毕业生，起先都分配到剧团，后来有的人因为吃不了苦，或有别的更好的出路等各种原因，离开了剧团。其实后来的每一届艺校毕业生基本都是这种情况。离开的人，大部分都是转行了。

"文革"中的1970年，我被下放到手工业企业管理局属下的集体所有制企业橡胶厂。直到1980年，漳州①市委书记刘秉仁批下来三个指标，把我和另外两个人调回了木偶剧团。下放到企业10年，木偶演出都放弃了，但是由于我原来的艺术功底很好，回到剧团后，技艺恢复得非常快，不久就又成为演出骨干，团里的大部分武戏都是我在主演。

十年"文革"把各地的经济推到了崩溃的边缘，当时财政拨给的工资都难以保证。1983年左右，团里开始搞承包，那真是出于无奈之举。那时我也带了一个队，去了上海、武汉、沈阳、河南，自己推着小推车，到学校去演出，很累很苦。每次都是到处去联系当地的文化局、教育局、学校演出，当时他们会同意由学校统一收款交给我们，每个学生交六分钱演出费。那段时间，学校开学的时候我们就出发，假期的时候就回来。

承包结束后，我们几个功底比较好比较扎实的演员，后来都担任了木偶剧团主要行当的演出。当时省里来我们剧团拍片子《文武状元》，文状元是朱亚来，武状元就是我。从现在来讲，我是演武生的，我在武戏方面还是比较突出的，所以"武状元"这个称号对我来说，也不算是徒有虚名。

陈炎森参加福建省第十八届戏剧会演并演出《钟馗元帅》中的钟馗（1990年摄）

武生武戏

漳州布袋木偶戏最拿手的就是武戏。要演好武戏，你一要有体力，二要体现精气神，三要有好的动作技艺，四要有积累创新。所以我平时经常看武打片，琢磨戏里面的动作。比如漳州布袋戏里经常出现的打虎戏里，

---

① 此时的漳州市之名所辖范围为现芗城区。

陈炎森参加金狮奖第二届全国木偶皮影戏比赛演出《铁牛李逵》中的李逵（2003年摄）

原来只有很简单的几个动作，我就细心琢磨分析，除了打之外，怎么躲闪腾挪呢？刀枪对打的动作也是，各个回合花样要不断地翻新。两手演的时候在动作上要非常注意协调配合，全身的神经都要绷得紧紧的。

当时杨胜的武戏技艺是大家公认比较全面的，各方面都比较突出，擅长长靠打斗，也称"金殿戏"或"盔甲戏""大甲戏"，比如说长刀、长枪戏，属于穿盔甲的将帅人物，像《三国演义》等，气势恢宏、气场较大。陈南田比较突出的是道白和短刀戏。短刀戏一般是属于绿林好汉、小武侠人物，气派相对比较小，像《小五义》之类的。不过这两种在武戏中都很好看。

应该说后来我碰上了个机遇。那一年陈南田要带领二队出省演出半年，而那时我正好脚底做了开刀手术，没有办法同去，停了半年。因为表演技艺上比较好，于是我被调入一队，我第一次有机会紧跟着杨胜学习。因为原来在艺校读书时，不可能跟老师单独相处。杨胜老师对教学的要求非常严谨，平时也不喜玩笑，话语不多，他没看上你的时候，都不愿意多搭理你，是很严肃的一位老师。我艺校同班同学陈汉青的艺术表演各方面都挺不错的，老师一直在培养他。我当时对表演艺术就比较有追求，一看到杨老师有空坐在院子里泡茶了，就去请教各种各样的表演问题。他起先都不讲，我就一直问，可能是觉得我勤奋好学、不怕吃苦吧，他逐渐地被感动了，问到最后他就讲了。

"文革"的前夕，由杨胜执导主演，排了三部戏——《打虎招亲》《小岳云保家乡》《卖马闹府》。当时杨胜年纪比较大了，要出国演出什么的，担心自己的身体承受不了，需要人能够临时顶上当助手，这时就开始器重我了，这三个节目都让我参演。没想到戏已经排好，宣传部也审批过，准备在大操场彩排时，"文革"爆发了，出国演出也吹了。虽然还会进行演出，但是已经很少了。

作为一个演员，入门跟着哪个师父，在谁的手上学，这相当关键，找到了好的老师，就有前途。我在杨胜老师的手下学习、锻炼了半年时间，再加上自己个人的刻苦勤奋，表演技艺进步很快。二队出省巡演回来，看到我的演出后说，确实了不得了，有名师指点真是不一样！

陈炎森在上海参加"非遗"展演活动（2014年摄）

近几年我自己比较满意的、演得比较好的角色是《雷万春打虎》《战潼关》《对打》《郑成功》《卖马闹府》《抢亲》等。其实，凡是有武打动作的偶戏我都很喜欢，因为毕竟这些角色主要都是由我塑造的。即使退休了，我敢说我的布袋木偶事业基本都没有放弃，因为它已经成了我的爱好。

陈炎森获得捷克布拉格第八届国际木偶艺术节的最佳表演奖与水晶杯（2004年摄）

授业解惑

我退休以后，本意是希望能够留在木偶剧团，继续为自己待过的单位做些贡献。泉州那边剧团的团长、书记一直过来邀请我，但是我也一直考虑自己剧团这段时间会不会还需要我，所以始终没有答应。一直到2013年，泉州艺术学校9月份开学过了，确定漳州方面没有什么意向了，10月份我才到了泉州艺校掌中木偶班从事教学。

我在泉州艺校木偶班教学时接触到不少同行，他们布袋木偶戏的手上功夫确实不如我们漳州市木偶剧团，但是他们当地政府非常重视文艺事业，很多企业家关心、关注、支持非物质文化遗产项目，甚至和表演者成

陈炎森在泉州艺术学校教学 1（2014 年摄）

为很好的朋友。只要剧团有什么活动，他们不但愿意而且马上在资金上提供支持。咱们要向他们学习，他们对民族传统文化非常重视，也可以说他们对这方面的人才非常重视。他们的观念是，无论你在中国的什么地方，只要你有技艺，都要把你发掘、挖掘出来，用来充实他们自己。

现在，泉州艺术学校开设的专业非常多：梨园、高甲、莆仙、南音、歌舞、主持人、美术、雕刻、木偶（名称为泉州艺术学校掌中木偶班），并且都开设有闽南方言课程。重要的是，引进了很多老京剧艺术家来传授技艺，把京剧里面很多好的东西，融入高甲戏、梨园戏、歌仔戏、南音里面，不断对自己进行充实提高。我在那边带的班级是泉州艺术学校掌中木偶班，主要是为晋江木偶剧团培养人才，他们不准备连续招生，现在等于是晋江木偶剧团的委培生，这一届有 18 位学生，准备毕业后考上海戏剧学院木偶班，在这边打好基础以后到上戏去读本科，继续深造。

我是木偶戏（漳州布袋木偶戏）的国家级非物质文化遗产项目传承人。我的心思本来一直放在我们团，一门心思想着怎么把木偶剧团里传统的表演再提高。人年纪大了总会老的，总会走的，在那之前就要把我们的东西发扬光大。我在这方面一直没有放松，教这么多的学生，就是要把我所有好的东西传承给后人。如果没人学，也传承不下去。好在人家还愿意跟我学，那到哪里我都可以发展，把我们的传统布袋木偶技艺，通过我传承出去。只要人家肯学，我就肯教，毫无保留地教，我的观点就是这样。

艺无止境

到现在我自己还一直在研究，布袋木偶戏技艺还有许多的东西值得去琢磨，比如说原来在艺校学习的时候就是这样子，很多武打动作没有名称，老师跟我比画，让我照着做。这作为教学，言传身教固然是可以，但是作为传承，没有名称，文字上怎么记载？怎么留给后人？所以名称很重要。还好我们北派的许多武打动作是模仿京剧武生的，所以我就把京剧里面的名称移植过来，设置动作，就有名称了。另外如果同一个动作，大家都各有各的名称，究竟是我正确还是你正确？如果你正确，我就要向你学习，我们布袋木偶戏以后流传下去的东西也才是正确的。以前我们的师父可能没有这些东西，但是我们应该去想，我总认为可以借鉴。

再者，每一届的艺校都要培养出比较优秀的人才，木偶剧团才有生命力。我感觉，要培养一个好的木偶戏演员，要比培养一个好的人戏演员还难！为什么呢？因为布袋木偶戏的表演是间接的。

陈炎森在泉州艺术学校教学 2（2014 年摄）

人戏演员，只要你拿上刀枪、穿上戏服就可以上台；而木偶戏演员不一样，尽管动作你都知道了，但是要上台，你还要做许多细致的工作。台上的木偶，要通过台后演员的形体动作转到手上去，再通过手上的动作转化到偶身上，还得让观众感受得到，你看多难！比如说，木偶的组件你要安装好，不然它不听你的使唤。另外，道具什么的，也都要你自己去准备，上台后你的思想要指挥手指，你头脑里设想的动作，要怎么样在手指上表现出来，真的是很不容易。而且人戏有的动作，木偶戏得都能表现出来，而木偶戏有的动作，人戏可不见得都能表现。这就是木偶戏的特色。

我除了经常看武打片之外，也经常看京剧，因为京剧武打的角色很成熟，程序性很强，动作都非常到位。我总是琢磨着把它们的动作引进到木偶戏表演之中。我在泉州教学以后，就觉得除了京剧，高甲戏的一些动作也可以应用到木偶戏里面来。因为木偶戏讲究的形体是指木偶的形体，不是演员的形体，但人的形体可以通过木偶的形体表现出来。

木偶是个完整的全偶，不要忽视了它的下半身。现在演员大部分只顾上半身，把下半身忽略了，就像各种角色的抬脚、走路、亮相，姿态是不一样的，脚上的形体你掌握不好，会影响到整个人偶的形体。比如武打，你要有脚的架势，你忽视了它，整个形体就不完整，你要让木偶的形体，看起来确实是个人，要往这方面去努力，所以还是要研究、琢磨。再比

陈炎森示范《雷万春打虎》（2014 年摄）

如，木偶戏武打动作里面的单边、双边怎么运用，原来在剧团里面，许多动作也是由我设计出来的，我一直都在琢磨考虑手脚的动作。

尽管泉州布袋木偶戏是南派的，但他们不忌讳学这么多京剧的东西，晋江木偶剧团现在也加入了武戏，虽然手指技术上正在学习，但

好的一点是不断在探索新的技艺。很多京剧老师都很佩服我，说年纪这么大了，名气也有了，还这么虚心地在学习、研究。我觉得这样是对的，大家都可以相互学习。不能因为反正已经在演出了，观众在鼓掌啊，就觉得自己演得很好。但是你有没有想过，你现在其实是处于停滞期，是躺在已有的成绩上，很少在这方面加以培养，不去继续发掘好的东西、去钻研、去登攀。所以现在我建议大家去看京剧，如果你不喜欢看京剧，不看别的戏剧，就没有办法学到新的东西，就会退步。因为社会不断地在进步，事业不断地在发展，新的东西不断地在出现，所以艺术的东西我是觉得这样，你不进它就退，不可能保持在原来的水平，我现在还必须不断地探索新的技艺。

（四）蔡柏惠

简介

蔡柏惠（1948.8—　）

蔡柏惠

男，汉族，福建漳州人。福春派第五代传承人。师承漳州布袋木偶戏表演大师杨胜、郑福来、陈南田。国家三级演员。2008 年被认定为福建省省级非物质文化遗产项目木偶戏（漳州布袋木偶戏）第一批代表性传承人。主攻小生、小旦行当。1960 年考入第二届龙溪专区艺术学校木偶科，毕业后先后在龙溪专区木偶剧团（现漳州市木偶剧团）、福建艺术学校木偶班工作，后回到剧团就职，退休后曾任教于上海戏剧学院木偶专业（布袋木偶）表演班和造型班、福建艺术学校木偶班、闽南师范大学、漳州第二职业技术学校。

其表演动作规范娴熟，唱腔感情丰富细腻，保持了传统布袋木偶戏的演唱技巧，又融入了现代喜剧表演程式和情感特色。在《八仙过海》《抢亲》《雷万春打虎》《钟馗元帅》《少年岳飞》等戏中担任主要角色，其中《八仙过海》获文化部"优秀演出奖"，《钟馗元帅》获福建省第十八届戏剧会演木偶演员奖，《铁牛李逵》在金狮奖第二届全国木偶皮影戏比赛中获银奖，参加捷克布拉格第十届国际木偶艺术节获最佳荣誉表演奖。在传统连本戏上表现突出，代表作品有《赵匡胤下南唐》《七星楼》《千金宝扇》《罗通扫北》等。

采访手记

采访时间：2015 年 10 月 2 日、12 月 3 日

采访地点：漳州市龙海市（县级市）象阳社感应庙社戏后台、漳州市
　　　　　木偶剧团

受访者：蔡柏惠

采访者：高舒

1960 年，蔡柏惠进入龙溪专区艺术学校木偶科，成为该校的第二届学生，跟杨胜学习漳州布袋木偶戏表演，主攻小生、小旦。毕业后，他进入木偶剧团，一直是郑福来、陈南田所带的表演二队里的好演员苗子，后来又到现在的漳州木偶艺术学校、闽南师范大学、漳州第二职业技术学校等担任木偶表演专业教师。退休后，他还曾受聘为上海戏剧学院两届漳州木偶班的学生们教授技艺。

漳州布袋木偶戏手指功普遍出色。由于"北派"风格，动作戏居多，因此老师们最强调表演技巧。曾经有人告诉我，从小学毕业就在艺校练了 6 年手指功的孩子们，还要经过 10 年左右的演出实践，才算是过了技巧关。但这也导致如今布袋戏里精彩的口白部分基本只能靠屈指可数的几位老艺人担负着，其中相对资历长、水准高的一位，就是蔡柏惠。

他打小就与民间木偶剧团联系紧密，跟随郑福来、陈南田

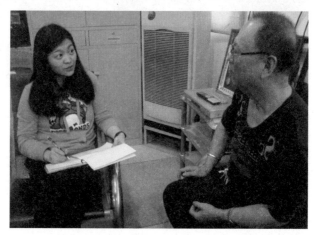

笔者采访蔡柏惠（2015 年，姚文坚摄）

的团队，在露天戏场里泡大，参与幕表戏的演出，能够独立演出《赵匡胤下南唐》《飞剑奇侠传》《呼延庆打擂》《薛仁贵征东》《薛丁山征西》《陆凤阳》等完整的连台本戏，而上述的剧本里随便哪一个戏都可以演上个十天八天。

见到蔡老师的时候，他正在龙海市（县级市）象阳社感应庙前跟其他几位老乐师聊天，精神头儿正好。那是村民们为了老庙新修重张请来的社戏。当晚的演出里，他与当年学艺的师兄弟们上演了一整场酣畅淋漓的布袋木偶戏，从仪式戏《三出头》到《大名府》《雷万春打虎》等，近四个小时。现在他信手拈来的剧目，都是从他进艺校前后就跟着民间剧团学出来的，说白逗唱，默记于心，出出幕幕，胸有成竹。与他的青春时光一样，这些当年老师傅们排出来的"新戏"已经磨成了漳州布袋木偶人的"老戏"。也是，戏要老才会好。

笔者在象阳社采访蔡柏惠、庄寿民、陈丽玲（2015年摄）

蔡柏惠口述史

高舒采写、整理

生旦双兼

我主演小旦、小生这两个行当，是杨胜老师定的。尽管老师他对各种行当每个角色都很在行，但他还是希望自己的学生能够有所侧重，专攻一个行当，兼容其他。所以每一届招入的学生，他都会为大家分配一下行当。老师的艺龄比较长了，眼光独到，会看准哪个学生比较适合哪个行当。第一届的毕业生是朱亚来演小生、小旦，第二届的毕业生就是我演小生、小旦，像陈炎森他就是演武生的，而林龙潭演丑角。

当时我在 1960 年读艺校，是第二届龙溪专区艺术学校木偶科的学生，我毕业的时候龙溪专区木偶剧团已经存在了。记得我们第二届毕业的时候，第一届木偶科的学兄学姐都在剧团里了。我读艺校的时候，年龄还很小，声音条件挺好，虽然是童声，但表演课的时候，我学得比较出色，杨胜老师就选定了我，让我学习第一出戏《大名府》里面的打花鼓舞绸，后来又让我试演《抢亲》（指最早杨老师的《抢亲》剧目，后来该剧改名为《怒打花笑脸》，与后来剧团里改编的《抢亲》不同）里面的主角。后来，我进一步靠自己的努力，多学多听，成为剧团里面唯一一个能演小旦的男演员。其实反串小旦，对男生来说挺难的，并且要逐步掌握双手同时独立表演性格截然不同的人物，真的要"一心二用"。

蔡柏惠表演《浪子回头》中的小丑和小旦（2010年摄）

我们的学制也是三年，

与我同一届的同学还有陈炎森,由于他岁数比我大,虽然同一届,我还是称他为师兄。同班同学还有郑豆粒(女)、陈美丽(女)、林文汇(女)、林龙潭、林倍乐、戴小万、戴英雄、戴再发,最后两位原来是同班学表演的,后来转为乐队。前面的几位到团里后都从事表演,郑豆粒的姐姐还嫁给了当时剧团里郑福来的儿子郑国珍。后来慢慢地,我们这届的同学大都离开了剧团,久而久之,只剩下我和师兄陈炎森,另陈美丽、郑豆粒也在剧团直到最后退休。

社戏练唱

毕业后,我差不多在 1962 年后进入木偶剧团,在剧团里当木偶演员。当时杨胜、郑福来、陈南田 3 位大师都在这,各自也带徒弟,应该说每个

蔡柏惠在和溪镇演出《抢亲》中的王瑞兰
(2014 年摄)

老师都有教过我们,我们也都跟着他们学过。这也不是什么拜师,全团演员也挺多的,排的戏也就是《大名府》《雷万春打虎》《孙悟空大闹天宫》《郑成功》,有时候也跟着老师下乡演出。

那个时候木偶剧团分成一队和二队,一队由杨胜老师带,二队由陈南田老师带,我被分在二队,所以主要跟着陈老师学。其实我还没从艺校木偶科毕业的时候,就经常跟着郑福来和陈南田老师下乡演出。当时 28 寸轮子的大货架自行车后座,记得我要上的时候,还得人家抱上去。

郑福来老师是当时木偶剧团的艺术指导,没有分到具体的队里,但是郑老师的幕表戏,当时在漳州一带非常出名,所以下乡演出,就经常有他。以亲身经历来说,我感觉是当时剧团里演出的节目,既有舞台上正式表演的剧目,也有下乡演出的幕表戏。到省外巡回演出的场次很频繁,主

要演我们编排的戏目，但下乡演出的戏，也差不多占了百分之五十。

那时候下乡演出的地域范围，主要是在漳州市区近郊及附近龙海、南靖、华安等市县，有时也会到村里去。演出两种形式都有，一种是请戏演出，一种是围场卖票演出，后一种形式有时接连演好几天。比如春节期间，大年二十八就下去，在那边过年，初一开始连演数日，如果是幕表戏，光一个剧本就要演五六天，所以观众常常会跟着戏班走，即使我们下一场转场到了附近的村庄，观众也会追着过去看。像在华安等山区县，村民们白天过来看戏，晚上举着火把，翻山越岭回家，像是火龙游山，非常壮观！也有的地方请我们去演社戏，要求从晚上一直演到天亮，通宵达旦，既营造欢庆的气氛，又解决了客人的住宿，一举两得。

当时和我一起搭班子演出的二队中还有一些演员。比如，女声由比我年纪大的大姐配唱，但大多时候还是我在表演女偶，有时也演大花脸。在我们几个里面，配音最多的就是我。如果第二天有演出，老师就会把演出的内容写给我，我就必须准备好配音，确保第二天演出成功，不然老师会很生气。因为我跟郑福来、陈南田学习的机会比较多，所以我的唱腔、口白自然就比较好。

教习历练

那个时候，除了主演之外，主要的道白是郑福来和陈南田老师说，此外由我们演员来配唱，乐队负责拉弦。其实，老师可以边演边唱，但既然是老师带着徒弟们出门演出，老师的规矩就是自己不唱。毕竟，既要演又要说唱，真的太累了，也很辛苦。所以在下乡前，凡是需要我进行唱和说配音的，老师就会写好给我，然后我就在他表演的时候进行配合。

杨胜老师布袋木偶的表演比较多，而且他唱的是京剧。到我们这一届，在艺校的时候，唱腔课学的都是芗剧。到了剧团以后，因为剧目的需要，有时要唱京剧，有时要唱芗剧，不过团里的乐师基本都会拉京戏，比如陈克昌（主鼓打得最好，也是剧团鼓师许福山的师父）、郑泉（拉京胡），还有一个"阿布仔"叔（拉京胡，大家都这么称呼他），就由他们教

蔡柏惠表演《大名府》中的扈三娘（2010 年摄）

我们。那些老师年纪比较大，有些已经过世了。

我的特长就是演小旦和小生，在团里上下都这么说，"蔡老师的小旦演得最好"，那需要很刻苦地练。分工越细越有好处，现在团里基本上都是按自然性别了，男的演小生，女的演小旦。说实在话，现在年轻女生演小旦，都没有那时候那么刻苦认真了。实际上拿起木偶就能看得出来，现在的人对艺术已经没有那么精益求精了。以前是认为我一定要演好，不然就会被人家看不起，还有就是对不起老师。以前老师一说你哪里不行，我们当天晚上就在走廊里一遍一遍地练。以前老师批评你拿的木偶站立得不正，我们学生演出一结束就坐在那边，头低低的，让人家批评得半死，一个动作做不好老师就上来训了。每天演出结束，晚上都要开会，老师会指出你哪里演得不好，哪个动作不对，要赶快去练，不然明天还演砸就要写检查了。要是还不行，就把你的角色顶下来，换别人去演。

我们那个时候无论是学校还是剧团，对业务都抓得很认真。而且杨胜和陈南田老师非常严格，唱不好不行，做不好不行，唱腔没有感情不行，

蔡柏惠在海外进行演出（2002 年摄）

口白讲不好也不行，下演了以后，开会就会批评你。如果没有这样近乎苛刻的训练，也就不会有后来蜚声中外的漳州市木偶剧团。加上为了自己的前途，我们那个时候也特别努力。因为老师们本身也是从民间剧团过来

的，自己也曾经被严格要求过，而他们也拿他们师傅的要求来要求我们。所以我们那个时候才学了两年，就可以演《大名府》了。我现在虽然退休了，但是每天早晨还按照习惯练手指功。那个时候我在上海戏剧学院教木偶班，如果剧团有演出任务，我也会特地从上海飞回来，演完了以后再回上海去教课。

当时我和杨烽一起到艺校，那时称福建艺术学校木偶班，后来改名为福建艺术学校漳州分校。从小学毕业生中招生，学制六年，有利于手指的柔软和表演技艺的培养，毕业证书上盖的都是福建艺术学校的章。后来杨烽当了校长，我当教师。虽然艺校和剧团业务是各自一套体系，但是联系比较紧密。当时我们的教学是非常严格的，这批学生质量都非常高。我当时在艺校教的学生有庄寿民、陈丽玲，现在留在剧团打鼓的阿伟（许毅军）、李军（音同）也是这一届的，但他们是延迟到后面再进来的，也就是说同时毕业，但是没有同时到剧团。

从学校教学的课程设置来说，本来应该是演小生、小旦的由一个老师教，演丑角的由一个老师教，演武生的由一个老师教，演配角的由一个老师教等，但这样要请五六个老师，费用太高，不要说我们这边的艺校，即使上海戏剧学院木偶班也承受不了。所以，最终去教学的老师就需要这样子的：本行当演得好、演得精，但其他各方面又要全。我尽管本行当是小生、小旦，但是比较全面的一个，各方面都很齐全，所以才让我去任教。我在艺校教满了一届六年的学生，直到他们毕业以后才回到剧团。

学布袋木偶戏，在艺校六年时间其实是差不多

蔡柏惠在上海戏剧学院戏曲学院首届布袋木偶"表演班"任教（2009年摄）

蔡柏惠在上海戏剧学院戏曲学院首届布袋木偶"造型班"任教（2009 年摄）

的，关键是有没有用心去学。另外，老师如果还没学好，本身技术还不成熟，教学的动作姿势不好，也教不出好学生。你看现在的学生，今天上表演课，回家的时候就把木偶放在学校里（这本来是应该带回去练习的），而明天上课时老师也不检查。像这样的学习态度，你学十年也没办法，这样出来的学生水平可想而知。对吧！我们以前是统一住在学校里面的，大房间里面的上下铺，晚上有晚自习，早晨要练功。而且每天晚上，艺校都非常热闹，表演、唱腔、道白、锣鼓、拉弦，很有戏曲的感觉。现在你看，学校到了五点半以后，静悄悄的，什么都没有了。

2008 年我被评上了福建省省级非物质文化遗产项目代表性传承人，又到上海戏剧学院木偶专业（布袋木偶）造型班教了 2009 级和 2010 级两届，也就是上戏偶戏本科的第一届和第二届，得到了校方和学生的好评，算是交上了一份满意的答卷。

偶戏禁忌

有史以来，木偶是有很多禁忌的，有些甚至是非常严格的，包括怎么摆、怎么放等。另外，木偶是没法洗的，因其一为木质，二有粘胶等，洗过了就得重做。外套更不能洗，因为绣线等会褪色，洗过后小外套也会变形。所以保管维护非常重要，比如说天热的时候，手套在木偶里面会出汗，用过后就应该把外套脱掉，把内里翻晒杀菌去湿，不然一段时间不演，收放着的木偶就会发霉。

以前传统老艺人们对木偶是有祭拜的，我过去也见过老师们在祭拜。杨胜、郑福来、陈南田老师以前都有拜过，他们在装木偶的箱底，有一尊红孩儿。祭拜的那尊神只是放在戏箱里，不必请出来。拜是拜戏神田都元帅，这戏神是各剧种共有的，大家都一样。祭拜的目的是祈求业务兴旺，演出成功，保佑剧团一帆风顺。我们剧团"文革"后就没有了这一仪式。泉州那一带也有祭拜戏神的风俗习惯，而业余民间剧团是每场演出都要拜的。

还有，以前的戏箱是不能坐的，要是坐了戏箱，被人看见会被师傅打死的。除了因戏箱里有神明不能坐在上面之外，还有另外一个意思是坐了，就等于是"坐着看"，剧团"坐着看"，那就暗示没有业务了。要是躺在戏箱上，那就更糟糕了。所以以前老艺人绝不允许你坐或者躺在戏箱上面。以前的戏箱上面是圆弧的顶盖，就是让你不方便坐或躺啊！

老艺人们拜的戏神田都元帅，是个雕刻的神明的坐像，与布袋木偶不一样，手没办法伸进去套弄。他跟红孩儿一样也是穿红色衣服，简单的红色长衫，绣了些花边，图吉利嘛，脸型是孩子的，有头发，泉州那边也一样，也是孩子的脸形。

正式演出开始前的"三出头"，请出来的孩儿偶，穿着红色的衣服，也叫"(红)孩儿"，意味着神明入化在这个孩儿身上了，神明来送吉利。这里不只是送子的含义，你求生意，演员就代表红孩儿说：生意兴旺！你求添男丁，演员就代表红孩儿说：结婚生男儿，聪明又伶俐！其实就是代表神明在说话，把你祈求的说出来。红

新南江木偶剧团　"三出头"演出中的"孩儿"（2015年，高舒摄）

孩儿是神明的替身，是穿着红衣服的小偶人，但不是布袋偶，孩儿是专为善男信女祈愿时准备的男孩子形象，用男孩比较吉利，从来不用女孩的。

送孩儿的程序还挺多的。我们演员说完吉利话，把孩儿送到祈求的人手里，然后祈求的人用红盘子捧着孩儿，供奉到当地的庙宇，继续祷告、祈求、烧纸钱等，最后把孩儿接回，送还到我们手中。前些年，我们到新加坡演出的时候也还做这些仪式呢。

漳州市木偶剧团在象阳社演出"三出头"（2015年，高舒摄）

"三出头"的主要程序就是三个程式。第一个程序是八仙祝寿，八仙出来，王母娘娘也出来，八仙给王母娘娘拜寿。第二个程序是跳加官，加官是一位神，庇佑加官晋爵，展开一副红联，上面写着"天官赐福"。第三个程序是张仙护送着送子娘娘出来送孩儿，说奉玉帝和送子娘娘的懿旨，送孩儿到人间。同时念祈求者的名字，把他召唤到台前接孩儿。接下来如上面所说，祈求者把孩儿送去供奉在庙宇进行祈求仪式，然后再将红孩儿送回舞台，以备第二名祈求者用。由于总会有不止一位祈求者，因此舞台又返回到前面的第一个程序八仙祝寿，然后再进入第二、第三个程序，一轮一轮反复。对每个祈求者来说，一套三个程序是一样的，不可减少，区别只在于如果祈求的人太多，演进的速度会加快些，不然就会延误到正式演出。这一仪式旧时祈求者要包几十元的红包，现在一百至三百元不等，全凭自愿。

民间请戏

1966年"文革"前，演出任务还非常繁重，我们团是1个队留在当地表演，包括招待演出；另1个队常年在外，甚至出省，到河南、河北巡演，有时年头出去，年尾才回来。在省外都是我们年轻人演，郑、陈两位老师主要是指导我们，较少亲自上台演出。他们那个时候应该 50 多岁了。

后来"文革"开始了，当时我们刚 20 岁出头。木偶剧团的各项工作停滞了，下乡社戏停演了。"文革"十年期间，剧团也排演了各部样板戏，还经常安排下乡劳动。但实际上当时已处于半瘫痪状态，有很多人离开了剧团。我也到食杂公司工作。"文革"结束一段时间后，才调回艺术学校，以后又回了剧团。1965 年郑福来老师就离世了，但也幸运地躲过了一场批斗劫难。杨胜、陈南田等老师们都被打倒了，因为批斗等，精神压力很大，看起来特老，非常衰弱，像七八十岁，实际年龄并没那么大。

都是 50 多年前的回忆了。当时漳浦艺光和漳州南江两个木偶剧团合并组建龙溪专区木偶剧团时，实际上整个地区还有不少民间木偶剧团，也都做得不错，老艺人们也相互有来往观摩，甚至互借演员。我当时因为唱腔还不错，自然是免不了被借用的。

记得那个时候春节期间，中山公园、公爷街（现延安北路以西之南昌路段）、马肚底（现胜利公园）几个区域非常热闹。耍狮的、舞龙的、卖东西的、攻炮城的。同时有好多台木偶戏竞技——竖起大竹竿，用布围起来，里面搭上木偶戏台，售票演戏。有些戏唱腔是用京剧，美其名曰"漳州京剧"，自然不是很正宗的京剧，而道白使用闽南语，确确实实的南腔北调，穿插夹杂在一起，不过也别有一番情趣。老艺人们虽然普通话说得不是很好，可剧情里面的京剧却能唱得韵味十足。

郑、陈两位老师的演出风格差不多，闽南一带都很喜欢看他们的幕表戏。我跟着郑福来、陈南田老师的时候，他们演幕表戏，我就很认真地在看，很认真地在学。郑福来老师也有意把我培养成为能演幕表戏的弟子，但可能是年纪太小，经验不足，我还是不敢说出口。只是我一直有这个念想在脑子里，仍然很注意看老师怎么讲，跟着学。机会终于来了。记得那是"有应公妈"①庙宇的庆生，日期也定好了，民间剧团的师傅韩添却因

---

① 漳州人对客死之鬼并不排斥，并专门建庙供奉，称之为"有应公妈"或"大众爷公妈"。据考，"有应公妈"为孤魂野鬼，"大众爷公妈"为群葬之鬼。

中暑去打针，结果病得不轻，人都有点不行了，演不了。已经定下来的场，不去演出是不行的，当时阿伟（许毅军）的父亲许福山和洪惠君及民间剧团的人来找我，希望我能够去救场。我之前没有演过这类戏也有点害怕。后来我鼓起勇气带着几位同事，硬着头皮顶场上去演了两三场连台本的幕表戏，结果成功了。现在能继承老艺人演传统幕表戏的，整个木偶剧团可能只有我了。那个时候折子戏的剧目有《千金宝扇》《王进骂帝》《郑成功》《七星楼》《赵匡胤下南唐》，这里面单单一出戏就得连演好多天。

漳州的民间业余木偶剧团以前比较多，现在少了，市区有两三家吧。郑福来的孙子，也就是郑国珍的儿子，有一个南江木偶剧团。上面讲到的韩添师傅，他的儿子现在也组织了一个团，不过成员是不是祖传的木偶世家我不清楚。韩添跟郑国珍他们是同一辈分的，口白也很好，也很会演幕表戏，他们的业务也很多。也就是从那次救场以后，我才开始演幕表戏。在大伙儿的建议和促成下，我出资整理出整套幕表戏的行头，跟团里的几个人组队下乡演出，成员有洪惠君、陈炎森、郑豆粒、庄寿民，还有许福山、郑跃西，都是我们剧团的人，就这样子需要时也能顶上一阵子。到后来，剧团的业务多出来了，并且还要出国演出，有些已经定下来的幕表戏演出只好请辞，毕竟以服从剧团为主，不能因小失大。

偶戏前瞻

我觉得杨胜、郑福来、陈南田这些老一辈艺术家，遗留下来的口头本子资料很多，如何去挖掘出来拍成电视剧或纪录片，宣传我们漳州布袋木偶戏很重要。不然演出很少，电视上也看不到。木偶电视剧可以拍一些我们闽南一带的故事，还是比较好的。如果有这些电视剧在漳州、闽南一带播出，在福建电视台播出，那就会增加我们木偶剧团的知名度，广大群众也才知道漳州布袋木偶戏还在，不然好像声音逐渐地在消失。作为我们这些老一辈的，都希望我们漳州布袋木偶戏的名气会越来越大。因为这毕竟是文化遗产，是遗留下来的好东西，不能在我们这一代的手上消失了。

以前杨老师他们只要木偶一举起来，他们的气势他们的动作，就有了风度，看过了那种表演，让人觉得很舒服、很清楚、很精神。他们的那种炉火纯青的技艺，感觉他们表演的形体都跟人戏非常相像，动作极为细腻，

蔡柏惠在新加坡表演《雷万春打虎》中的钟景琪（2010 年摄）

演艺十分规范，各个行当都相当全面。以前人家问漳州市木偶剧团在哪里，大家都知道，说在太古桥。可是以后这里拆了，就问不到剧团在哪里了。

不是只有现代的，传承的东西也可以做精做细，怎么去研究？怎么精益求精？接下来应该考虑拍摄郑福来的一些老本子。尽管口白、音乐啊，比较简单，但只要基本的东西在，剧本出来了，配乐各方面自然就会跟上去。最大的问题在于现在的这些年轻人，还顶不起来，不是他们没办法唱，而是没有芗剧那个味道。现有的武生演起来，看起来就像演小生一样。老师也都有教过，主要是靠学生去练啊，现在有谁在练？要研究传统的剧目，要重演这些节目，不能总是找我们这些老人。

（五）青年演员群体

简介

庄寿民（1964.6— ）

庄寿民

男，汉族，福建漳州人。福春派第六代传承人。国家二级演员。中国木偶学会理事，福建省戏剧家协会会员、漳州市戏剧家协会常务理事。1978 年考入福建艺术学校漳州木偶班，1983 年毕业进入龙溪专区木偶剧团（现漳州市木偶剧团），现任演出队总队长、一队队长。兼任闽南师范大学木偶学会指导老师。1999 年参演《少年岳飞》获第二十一届福建省戏剧会演个人演员奖；2000 年参演的《少年岳飞》获文化部第九届"文华新剧目奖"；2001 年参演《森林里的故事》，剧目获中宣部第八届"五个一工程奖"；2003 年参演《铁牛李逵》，剧目获金狮奖第二届全国木偶皮影比赛银奖；2004 年参演木偶剧《梦网》获福建省全省防腐倡廉文艺会演个人三等奖；2006 年参加捷克布拉格第十届国际木偶艺术节获最佳荣誉表演奖，同年获第二十三届福建省戏剧会演个人演员奖，并在塞尔维亚、黑山举办的第十三届苏博蒂察国际儿童艺术节上获"出色掌上艺术最佳优秀表演奖"等。

姚文坚（1975.12— ）

男，汉族，福建龙海人。福春派第七代传承人。国家三级演员。中国木偶皮影艺术学会会员。1987 年考入福建艺术学校漳州木偶班木偶表演专业，1993 年起进入漳州市木偶剧团工作，现任演出队二队队长。曾担任漳州艺校木偶班表演课教师。1994 年参演《两个猎人》获全国专业剧院木偶剧皮影戏"金猴奖"比赛个人优秀演员奖；2001 年参演《森林里的故事》，剧目获中宣部第八届"五个一工程奖"；2008 年获金狮奖第二届全国木偶皮影中青年技艺大赛个人表演金奖；2010 年参演《水仙花传奇》获金狮奖第三届全国木偶皮影大赛金奖；2014 年获金狮奖第五届全国木偶皮影中青年技艺大赛个人表演金奖；2015 年参演《孙悟空决战灵山》获金狮奖第四届全国木偶皮影剧（节）目展演个人表演金奖等。

姚文坚

采访手记

采访时间：2015 年 10 月 4 日、12 月 7 日、12 月 9 日、12 月 11 日、
　　　　　12 月 12 日、12 月 14 日、12 月 17 日等
采访地点：漳州市龙海市（县级市）象阳社感应庙社戏后台、漳州市
　　　　　木偶剧团等
受访者：庄寿民、姚文坚
采访者：高舒

　　当下的剧团，已经不再是家传的民间班子了。有了艺校的专业教育，有了"非遗"保护的专项经费，有了团带班、师带徒的基础。我想起岳建辉团长说过，现在团里青年演员居多，上台的机会也是很多的；也想起各位老师的忧心，现在青年演员吃苦的功夫不够，独立创作的能力还弱，全面型的人才太少。

　　长辈们叨念着，青年们顽劣着，逆来顺受，顺来逆受，这似乎是每一个剧种，每一代传承都司空见惯的情景了。尽管如此，漳州布袋木偶戏的

笔者采访庄寿民、姚文坚（2015 年摄）

老一辈和新一代依旧携手，接连不断地捧回"金猴奖""金狮奖"等国家大奖，布袋木偶戏的承接是为了更好地延传，布袋木偶戏延传的保证，就在于师生之间的教授与交托。由于先行接触的是漳州布袋木偶戏资深一辈的老师，我特别能理解他们对自己专业的孜孜以求。他们见证过布袋木偶戏最辉煌的年代，退休之后仍然深爱这方小小舞台，他们眼界开阔，人脉通达，对青年一辈许以厚望，年龄长了，手还灵巧，心仍年轻。

笔者与漳州市木偶剧团演员们在象阳社社戏现场合影（2015年，岳思毅摄）

我也大概能够理解中青年的一代。他们从小学毕业，进入木偶艺校，到如今渐入不惑。他们

笔者与漳州市木偶剧团青年演员们在漳州市木偶剧团合影（2015年，蔡琰仕摄）

听过师父们口中的辉煌，期待着传统复兴的图景，他们不分寒暑，排练比赛，送戏下乡。但现实是，布袋木偶戏正在淡出现代生活。暗夜行路不可怕，怕的是前途无光。幼时的伙伴、艺校的同窗、昔日的队友……当身边的亲友们纷纷离开布袋木偶戏，只留自己形单影只地独守戏箱时，他们的内心会不会有过彷徨？

　　漳州布袋木偶戏的过去、现在、将来，只能由当前剧团里的两代人共同衔接起来。在这点上，他们应该也只能是一体的，是一致的，是齐心的。因此，随着地位举足轻重的老一辈们逐渐隐退，如今的漳州市木偶剧团演出队已尽是中青年一代。总队长庄寿民年逾五十，是他们中最年长的，也是大家最爱玩笑戏闹的大哥，二队队长姚文坚四十已过，也开始担当起团队的重担。在采访了全部的资深老师之后，我对剧团演出队两位队长庄寿民、姚文坚进行了一次集体采访，试图靠近这个 20 人的演出团队。因为他们是老师们口中的年轻一辈，也因为他们中的许多人早已不再年轻。

让我按入团批次，提一下这个还在从事具体演出的群体：艺术总监洪惠君领头，紧接着庄寿民、陈丽玲；随后是姚文坚、吴瑾亮、陈黎晖一批；再有李智杰、吕岳斌、许昆煌、王艳、林爱宾一批；之后朱静怡、梁志煌、张钊、张小燕、梁美娜、黄雨沛一批；最后是 2015 年入团的柳倩倩、许婕、郑珏一批。

庄寿民、姚文坚等青年群体代表口述史

高舒采写、整理

庄寿民：新老相牵

我是演出队总负责人。我们一队、二队是这两年才开始分开演出的，实际上这两队在演出时也是经常打乱的，需要抽人就抽，需要大演出的时候还是统一在一起。只是在有两个演出任务的时候，两队才彻底分开。

业精于心

杨烽是我师父。我看过一个资料，当时杨胜演的木偶尺寸小，演《蒋干盗书》的时候，用一根"直通"也就是一根棍子，就把眼镜摘下来了。第二十一届福建省戏剧会演我获得省里的演员奖，那是因为我主演岳飞的私塾先生。在剧情里面，岳飞交了一个铜板给私塾先生，恳求上学听课，而贪财的私塾先生看不起贫困的小岳飞。我为了刻画出私塾先生的铜臭味，特地把他设计成戴了副眼镜的形象，当时的木偶是比较大的那种，而且用的是关节通，我让偶把眼镜摘下来，用嘴哈一哈气，擦了擦看一看，然后再戴上去，这个动作以前木偶剧团从来没有人做过，而且以前要做这个动作，都只能是用小木偶、直通管。现在是变形的大木偶，且加上了关节通，难度更大，为了演好它，我不知道做了多少副小眼镜。可见木偶戏的生命力，就在于创新，许多以前没有过的技艺，是可以发掘的。

电影《中国的木偶艺术》中《蒋干盗书》剧照（1960 年摄）

现在让年轻人自己来做小道具，

他们就没有积极性了，现在排戏，都要依赖编导设计动作，等于在帮他们排戏，他们自己没有主动去领悟自己的角色。所以，青年演员不要说这些老剧目没有地方提升，从技艺上，其实有很多地方是可以改善、改进的。现在年轻人应该认真多学一点、刻苦一点、自己多研究一点。

如果是排《大名府》《卖马闹府》《雷万春打虎》《两个猎人》《人偶同台》这些传统戏，大家都会演，每个人自己基本上都演自己的分工角色。当然，即使没演过的角色也会演，因为这几个节目毕竟演了几十年，都太熟了。像庄陈华他们老一辈艺术家，以前在《霸王别姬》里演舞剑时，敢把剑柄配饰一对长穗来表演，这样自加压力的演出，很容易在偶活动时勾挂到穗子，对演员来说，增加了非常大的难度，所以现在的年轻人谁都不敢这样去做。

排新戏最可以看出演员的素质。我不知道现在的年轻演员是怎么去考虑自己的角色的，但在我这一代，作为一个演员，排练的时候，本子给我，我熟读了自己的本子以后，我就会考虑，重点是哪场戏？我应该如何去表演？哪一段是我的重头戏？而且我这个角色的定位应该是什么？就好比我们生、旦、净、末、丑，演员如何去理解、如何去创作，应该对自己有个定位。一个演员成功与否主要在于，主观上自己有没有去改善、想不想去进步、想不想去尝试、想不想去提升。

现在排练的时间一般都比较紧。若按正常生产一个剧目来说，应该是本子出来，主创人员集中，确定导演人选以及谁担任舞美制作设计、灯光设计、音响设计，然后坐下来一场一场地来。作为导演，要构思戏演出来应达到什么效果，要怎么设计。然后各个部门就要根据导演的这种思路去考虑。从演员的角度讲，以上这些构思确定了，然后印发出来，把本子给演员熟读，导演将根据各个演员对角色的适合程度分派确定。至于多少人参演，那要根据剧本的演员阵容来确定。新的演员虽然安排不了主角，但这正好是个很好的学习机会，因为每个人的手上都有本子，你可以对照着本子看，思考别人是怎么处理这个角色的，这就是个很好的学习、锻炼机会。对专业不是很在意的人，可能会想，管它的，反正这不是我的角色，轮不到演那个角色我就不在乎它。那你就亏了，永远也进步不了。

应该说年轻一辈还有一些欠缺，但不管怎么样，总是要给他们机会的。这种艺术性的东西，应该说越演会越熟练，越演会进步越快。以前都是老艺人在演，年轻人锻炼的机会不是很多。这几年老艺人逐渐退休了，就换这批年轻人在前台。但不要说这批年轻人，即使是我们，真正让我们上的时候，我们也会感觉到，自己真的还有很多欠缺。只是没有关系，舞台经验这种东西不是只要按照自己的意思，就可以一朝一夕把它练好的，这必须有一定时间的磨合、积累。即使你的表演功底很好，但舞台上很多时候是需要应变的，不是说功底很好就可以把它演好，这不是同一回事。

新老差距

我现在肯定是站在老艺人的立场上说话，观点肯定是跟老艺人的观点一样。我的观点就是，既然政府这么重视，我们自己为什么不能更加努力把这件事情做好，把这个艺术搞好。如果看到在上班、在排练，而年轻人不是很卖力的话，我就感觉对不起这份工作。现在的年轻演员真的有待引导，有待把自己本行业的事情做好。当然年轻人也有自己的难处，你也要养家糊口，而工资也不高，本身能留下来的这个态度是要肯定的。但是，老一辈也是这样子留下来的啊！现在的境况已经改善很多了。所以我现在的考虑应该会比较全面一点，我在老新两辈之间应该是属于承上启下的。

年轻演员就应该注意提高自己，不然看起来貌似很相似，但实际上你内在的东西都没有表演出来。一个演员演得好不好？老师教的都一样，都是从基本功练起，但为什么有的人会出色成名，有的人却什么都不是？那就是你自己有没有去用心、尽力。这些精髓需要演员自己用心去领会。人家说师傅引进门，修行在个人，讲的就是这个道理。

传统剧目《大名府》，原来城门官这个角色是庄陈华老师演的，我一直演衙役，一直到现在我还在演衙役。现在由年轻人演的城门官，其动作虽然外行人看不出来，观众也仍然在鼓掌，可是内行人一看就很清楚，动作都达不到师傅的水平，跟以前老师演的差了很多，很多细节的东西，你自己都没有去领会。

比如说城门官坐椅子，你不应该直接"叭"就坐下来，木偶的动作是日常中人的动作的再现，先转头看看椅子，两条腿叉开，上身前倾，腰部后收，往后一仰，然后再坐下来。同样一个坐下的动作，如能这样操作木偶，则表演更加细腻，形态倍加逼真。这么一点点的调整，人家就会觉得你更来源于生活，更加接近生活，演得好！这个角色大家都会演，做得好不好、到位不到位，就差那么一点点。

再比如城门官有个打衙役的动作，因为衙役偷喝了酒。庄陈华老师演的时候，打木偶的头的同时，还会用眼睛盯着你、瞪眼看。现在年轻演员，他根本打不到头，有时只拍一下肩膀就走了。要说这个动作他也做了，可是表达出了什么？同样是这么一个情节，老师的动作表达了打你、瞪你、生气，可是你有没有想到这一些，你的动作有没有到位？

《大名府》已经演了60年了，可不能一代不如一代。我说谁能把两个盘子，同时上同时下，头顶一个，嘴巴叼一个，脚再抬起来，头顶的盘子扔给嘴巴接着，嘴巴的盘子扔给脚接着，谁敢把它练出来？虽然以前没有，但是我们可以做啊！只是加大难度罢了，不是说不可能，是谁敢吃螃蟹，谁敢第一个去尝试。不要说没有什么好提高的，单单这个题目就有很多可以提高的东西。只要创新，单单这些老戏，就可以有很多看头。

庄寿民等在漳州拍摄52集木偶电视剧《跟随毛主席长征》1（2007年摄）

现在年轻人最大的弱点，就是以前那些传统的，比如到农村演出的剧目，几乎都接不上来，也就是说以前的那些幕表戏，基本上都接不上来，或者说都没办法演。不像以前老前辈他们，只要你说出晚上想演什么，他们马上就可以表演。你现在要提前排练，有时候到现场以后还不一定演得好。因为以现在的现状来说，大家演的都是一些定型的、有排练的节目，对那些自己说台词的、即兴表演的，也就是那些要唱闽南戏的，包括有台词的道白，这些年轻人可能相对欠缺，演员上了台以后的一些应变还不行，这毕竟需要舞台经验。当然这一类的戏他们也演得少，不是你演一次、演两次就可以上手了，也不是天天在排练场里面排练后，上台就可以了，特别是那些你心里怎么想、你想怎么演，就可以即兴出戏的那些技艺，年轻人确实比较缺乏。

同行竞技

漳州布袋木偶戏的长处是我们自己传统的这些东西。当然从国内木偶的各个门派里面，吸收当然是有好处的，但吸收时，你要了解，怎么应用到我们自己这边，首先你得知道我们木偶的弱点在哪里，怎么去取长补短，关键是剧团里现有的这些资源，怎么传承到年轻一辈的演员身上。不是一味地把自己的东西都不要了，我来学别人的，那就不叫漳州布袋木偶了。

厦门有几位演员，是与我们剧团年轻一辈一起从艺校毕业的同学，他们挂靠在演出公司，也在演《人偶同台》，尽管演技不如我们，却比在我们剧团还赚钱。但我们只要保护好自己的牌子，从自己做起，把它做好。我们不能不让人家成立，但是不管什么地方成立了布袋木偶剧团，只要我们的牌正了，我们的功底好，我们的演出质量就在那摆着，只要我们的水平永远高于他们，他们又能怎么样呢？现在闽南还有不少布袋木偶戏剧团，但只要跟我们漳州市木偶剧团同台，他们就非常尴尬。因为一样的角色，动作一出来人家一眼就能看出谁没功底。所以遇见有类似的戏他们绝对都不敢跟我们同台演，只

庄寿民等在漳州拍摄 52 集木偶电视剧《跟随毛主席长征》2（2007 年摄）

洪惠君、庄寿民等在柬埔寨与金边皇家大学学生们交流（2015 年摄）

庄寿民在 100 集木偶电视剧《秦汉英杰》中饰演赵高（2006 年摄）

要我们在场，他们就露怯。如果他们自己出去，那他们就都敢演，这是什么原因？技不如人，低人一等嘛。

竞争实际上是好事不是坏事，有竞争大家才进步得更快。我们是从基本功开始练起的，从手指功夫，一步一步，扎扎实实地练习，功夫底子方面，确实不同，也不是说他们不努力，而是起点不在同一个高度。所以艺术的东西你能忽悠那些外行的，内行的你就不用跟我多说你很好，一演就知道。比如说我演的，不是旦角，而是小生，但是你要学会鉴赏，你要知道别人为什么要这样演，不然你永远进步不了。只要我们把自己的事情办好，只要自己有那个水准，最怕的就是自己的本事不行，搞不定，那就会受到冲击。

所以，创新我不反对，但你要在你自己继承了布袋木偶戏的传统和真本事以后，才有资格来考虑创新，你不要把老祖宗忘掉了，一味地为了创新，把自己的看家本事都丢掉了。什么叫创新？是在你把自己传统的东西都学好做好了之后，才来考虑创新。我个人认为应该是这样的。

坚守希望

我是 1977 年招考，1978 年入艺校的（笔者按：一说 1977 年陈南田恢复带徒，为木偶剧团学员班过渡时期，艺校于 1980 年 5 月正式恢复办学）。当年我们这届漳州木偶班招了三批 26 个人，我们第一批 15 个是表演的，现在这批就剩下我和陈丽玲两个当布袋木偶戏表演演员。我们是五年制中专。郑少春和沈志宏他们又是同一批的，志宏原来也是演员，后来毕业以后进修改学了编剧，少春原来学的是乐队打击乐，回到团里就没有在乐队，现在是副团长搞行政。

为什么我会一直站在老一辈的角度说话？正是源于长期跟老艺术家们在一起，剧团里的情况我们特别了解，可能年轻一代不知道，我们木偶剧团经历过几个风险期，要生存，就得靠自力更生。

先是"文革"的时候传统戏不能演，当时的标准只有一条，演不了革命样板戏的剧团就解散，因此很多地方戏剧团都不能存在，而我们团不但保留下演出队，而且生存得比别人风光。为什么？因为我们团不受地方语言限制，普通话、闽南语、粤语、芗剧、京剧，只要一个录音盘过来，我们的演出就都没有问题，也就是说我们团生命力特强，即使是样板戏里面的人物形象、制服，我们也都可以应变，都可以演。

其次，我们刚毕业的时候，团里因为是财政差额拨款事业单位，本身工资就低，财政拨款情况也不是很及时。大气候经济不行，政策允许自谋出路，木偶剧团开始试点搞承包，自己去找演出市场，由团里给我们提供营业执照、演出介绍证明等手续。当时除了领导和行政人员留守外，全团分成 7 个小分队搞承包。七八个人组织一个小分队，两个戏箱一个舞台，自己用手推车，往全国各个省份跑。各地学校刚开学我们就出发了，送戏到学校演出，等寒暑假的时候我们才回来。销售一张票也就是七八分钱，要自己去联系演出单位，有时还要跟校方死磨硬缠，好不容易答应演一场，也就三四十块钱。七八个人要吃、要用、要住，扣除了费用以后才是大家的分红。由于各小分队

庄寿民（后排右八）在台湾交流演出（2007 年摄）

回来以后有的重新组合，所以我跟随好几个队出去过，陈锦堂、郑跃西我都跟过。但是能出去好啊，每个队赚的钱，都比在团里多了好几倍，当时我在团里的工资就是三十几块钱，出去一趟回来，千把块钱。正因为那个时候我们敢破釜沉舟、迎难而上，大家都赚到了第一桶金。如果生病了，团里还会按规定给照顾，这样的岗位不值得我们感恩吗？我们都经历过这些苦难，但是当时同学里面只要有条件的，都坚持不下来离开了剧团。

再次，二十世纪八九十年代，老百姓家里都有电视了，不一定要到剧场看演出。很多剧团又生存不下去了，但我们团还是最好！既然影视冲击了我们，为什么我们就不能冲进影视？岳建辉团长刚上来的时候，我们的木偶剧就接手了无锡邀约的 100 集木偶电视剧《秦汉英杰》。影视这东西跟戏剧戏曲那是两码事，木偶的形体制作也放大了，说实在的，老艺术家跟戏曲舞台接触时间长，被打上的烙印更深，在影视里头表演生活化的东西也感觉不是很适应。比如一句台词"前面就是沙家浜"，戏曲演员的动作跟生活化的动作，那是不一样的。不过影视上就需要生活化的动作，咱们的老艺术家们经过了一段时间的体会和磨合，逐步由接受到适应。

现在我回想起来，陈荣宗当书记时，陈天水当团长，他们主要是过渡，时间较短；金能调当书记时，杨烽当副团长主持业务工作；吴光亮当书记（主要负责木偶班）时，洪惠君当团长；洪惠君当书记时，岳建辉当团长。我们的团生命力特强，而且历任的剧团领导还都是比较开明务实，应变能力也比较强的人，所以每每碰到比较大的瓶颈期，员工有什么新的想法和建议，他们都能够理解和支持，这正是木偶剧团最大的希望所在。

姚文坚：年月承续

磨炼心性

我们演出队的这些年轻人都是十几岁从艺校木偶班毕业的，在木偶剧团也有一二十年的经历了，大家都是同门师兄弟，跟老一辈的老师们也是同门师兄弟，所以都是他们看着长大的，有着十几年、几十年的交情。

从小到大看老一辈演戏，他们就是你的偶像。现在的剧目相对固定下来了，就这些戏，大家从进入艺校就开始练，二十年了，你说大家能不会演吗？确实也每个都会演了。那是不是大家不认真？也不全是。有时倒

姚文坚排练《雷万春打虎》中的雷万春（2007年摄）

也还认真，但是有些动作没有到位，我们自己都不清楚，只有在排练中，老师们看到，指出来，我们才明白过来。基本上从手指功夫来说，难度是可以克服的，因为可以练习。那么问题在哪里呢？最主要的就是现在我们这一辈年轻人，可能认真钻研得还不够，还没有自己用心去领会，以至于还不能完全明白怎么演才到位。

老一辈历经了一代名师教诲，经历过这么多场面，眼界不同，能够看到我们做不到的地方，老师们就对我们有很多希望，希望我们能够全部传

姚文坚演出《雷万春打虎》中的雷万春和虎（2015年，高舒摄）

姚文坚参加上海国际木偶艺术节邀请赛表演《招亲》中的武生（2014年摄）

姚文坚参加首届中国南充国际木偶艺术周表演《战潼关》中的曹操（2014 年摄）

姚文坚等参加首届中国南充国际木偶艺术周比赛（2014 年摄）

承下来，希望我们在布袋木偶戏上有一个承继。在这一点上，我们是特别明白的，对老一辈这个群体是非常敬重的。

当然我们也有在想，其实年轻一辈和老一辈的状态还是不一样，因为老一辈在学艺的时候，正好见证过布袋木偶戏最辉煌的那个阶段。听老一辈一直在讲当年这个剧种特别辉煌，受到无数观众喜欢，教学氛围特别浓厚。可在当今社会，布袋木偶戏正遭受到很多冲击。一方面，整个布袋木偶戏越来越少人观看和接触，另一方面，木偶剧团实行差额拨款的工资待遇，所以身边的同学很多已经离开这个行业了。比如，和我从小一起长大的兄弟就基本上没有人做这行，即使跟我们一起进入剧团的人也走了大半了，现在就剩下我们这几个人。我们想留下来，想留在这个剧团，内心的抗争可能比当年更多，但是我们这一批留下来的人，我也已经待了 20 多年了，显然是一心要留下的。

现在两个演出队一共还有 20 个人，技艺上还在长进。不过，对我们这一代来讲，大家也像老师他们当年一样，需要时间去磨炼，我们也按着几年一届，分成了三四个梯队，也希望有更多的机会，逐渐进步、逐渐成长。

积极跟进

以前，我们老师这一辈演出的传统布袋戏很注重故事情节。因为那时候的戏主要是下乡，农村里有许多老人，他们看戏是闭着双眼在听戏，保留"听古（故事）"的传统习惯，木偶那么小，打来打去的动作老人家也不像小孩那么感兴趣。所以那个时候老艺人都知道，布袋木偶戏表演，就要求情节曲折、离奇才能吸引观众。以前陈锦堂老师笑谈，旧时布袋木偶戏就是"打虎、娶某（娶亲）、抢查某（抢女人）"。所以他们那个辉煌的时候，传统布袋戏多以幕表戏演出为主。幕表戏有固定的故事内容、情节、事件和人物，但没有固定的表演与台词，可长可短，随意性很强，便于拉长或缩短时间，是一种灵活性很强的表现形式，我们的老师即兴能力和记性都非常好，每个老师都有一肚子戏，每个故事都能"腹内滚"。

姚文坚、梁志煌、蔡柏惠演出《雷万春打虎》（2015 年，高舒摄）

我们在艺校的时候，学了基本功，学校就挑选一批富有布袋木偶戏表演特色且又有较高技巧性的传统优秀节目，进行更进一步的训练，结合戏中人物，把所学到的手指功灵活应用到表演上，学着表现人物矛盾、情感变化和性格发展。比如排练布袋木偶戏传统经典节目《大名府》《雷万春打虎》《卖马闹府》《抢亲》《战潼关》《画皮》等。

姚文坚等练习《战潼关》中的长靠对打（2007 年摄）

首先，我们年轻的这一批的木偶表演训练，都是先练手形，从手指功到操偶法的训练，然后从模仿戏曲表演到以戏教戏的磨

姚文坚参加漳州海峡两岸木偶艺术节表演
《人偶同台》耍棍（2009年摄）

姚文坚等在象阳社演出"三出头"（2015
年，高舒摄）

炼，逐步模仿角色演起来的，所以我们是在模仿中成长的。在以前的老师们学艺的时候，很多经典剧目都在酝酿过程中，他们可能是边学习边创造的，所以我们自主思考的能力确实比老师们要弱。

其次，现在演的大部分都是有现成剧本的传统戏，我们排戏的时候，就是按现成的剧本演的戏。从剧目上看，随着本地人戏的发展，布袋戏单人独揽的单纯"说书"式的幕表戏，已经不足以满足漳州布袋木偶戏观众的要求。因此，漳州布袋木偶戏的故事内容、情节和唱腔、道白等其他艺术性特质逐渐丰富，从传统的以幕表戏演出为主，转向以有剧本有录音的城市舞台戏剧为主的表演形式。我们演出队最经常演的是荣获金质奖章的《大名府》与《雷万春打虎》，以表演艺术为主，说唱为次。

当然这些戏都是老师们当年排练出来的，也获得了观众的喜爱。但在现在我们平时的演出里，整个程序就按照这些成熟的戏的既定剧本走，表演的节奏跟着固定的背景音乐走。普通话的普及和文化交流的日益频繁，导致使用闽南话的演出越来越少，外地人、外国人重在看木偶表演艺术，不喜欢听故事内容和大量的说唱，所以我们现在的漳州布袋木偶戏和老师们那个时候是不一样的了。一些传统的表演程式，我们这一辈已经知道得很少了，唱腔和即兴表演的能力，也大大退化。

再次，演员的行当问题。老师傅们那个时候，表演的演员一个头手、一个二手，比乐队的人要少得多。头手一个人要主演一个晚上，那出传统戏里面的各个行当，他肯定都要演得好。这就是说，他一个人可以演出各个行当。但是自从有了正规的艺校木偶班教学之后，杨胜老师那个时候立下的规矩，就是根据每个孩子的特点，选一个行当。所以我们现在女生主要演小生、小旦，男生可以演武生、丑角、净、末等等，都是一个人基本专攻一个行当。但现在的年轻人是精还没学得精，全也不够全。

目前木偶剧团的表演任务很重，如何安排时间，趁着老师们都还是一把好手的时候，教我们把弱项弥补上，是我们经常在考虑的问题。我们也不愿意让老师们太遗憾，既不能让老师们研究了一辈子的传统技艺流失，又希望自己能认清现在布袋木偶戏的优势特点，促进木偶表演的提高与发展，这也是我们常在考虑的问题。

四

记音乐
——灵活用乐　有无相生

介绍

　　布袋木偶戏行当角色齐全、分工细致，表演程式上与"人戏"一样，可分为"唱、念、做、打"。其中"做"和"打"要通过演员双手操纵木偶间接地表现出来。而"唱"和"念"则是从视听感受上，由木偶演员表演出来。

　　文献记载，漳州布袋木偶戏的音乐奏唱与偶形雕刻、操纵表演、舞美灯光一样，自布袋木偶戏诞生起就一直存在。它受到当地民间戏曲音乐的影响，灵活调整，长期随着本地当时流行的剧种而变化，也在新中国成立后受到当代音乐创作的影响，从一些现代戏里采借、学习，重新创作过一些剧目的音乐。

　　清中叶后，漳州布袋木偶戏"福春派""福兴派"两大流派在音乐上采用汉调①，约1886年后，海派京剧传入并在漳州当地流行，布袋木偶戏随之吸收了这一戏曲元素②，至

漳州布袋木偶戏乐队主要乐器构成：壳子弦、六角弦、大广弦、月琴、板鼓、竖板等（2015年，高舒摄）

①　道光年间，湖北"楚调"进京，楚调声腔主要是"西皮"，也有二黄调的基础。湖北伶工进京，加入徽班演唱，著名的湖北的余三胜，因他来自武汉，所唱声调就叫"汉调"，他亦被叫作"汉派老生"。这一时期，徽汉开始融合，奠定了京剧艺术的基本声腔：西皮和二黄，因此京剧也被叫作"皮黄戏"。

②　道光二十年至咸丰末年（1840—1861），京剧完全形成，同治五年到光绪二十六年（1866—1900）京剧作为独立剧种而迎来全盛时期，并逐步向外地发展。此时的京剧以徽汉昆曲为基础，在"十里洋场，五方杂处"的上海落户，经增设背景、排演新戏、改革戏装等发展成独树一帜的"海派京剧"。后京剧又以上海为周转站，迅速发展到沿江各埠，远及两广、云贵川、闽浙一带。

二十世纪二三十年代，已基本改唱京剧声腔；也就在同一时期，1928 年 4 月（民国十七年），台湾"三乐轩"歌仔戏班返乡龙溪白礁①慈济宫②演出后，落驻大陆，后经历二十多年，漳州布袋木偶戏艺人与台湾歌仔戏艺人跨越台湾海峡交互传戏，1954 年芗剧在漳州定名、兴起③，布袋木偶戏又改换用闽南话漳腔方言道白，演唱芗剧唱腔，但是打击乐一如既往地沿袭京剧。至此，漳州布袋木偶戏音乐以京剧与芗剧并存的音乐特色，基本定型④。

（老生）出场 长腿：台 ▮ 仓才 台才 ┃ 仓才 台才 ┃ 仓才

台才 ┃ 仓才 台才 ┃ 仓才 台才 ▮

谱例一：老生出场鼓段

（小旦）出场 柳丝：冬冬大八台 ┃ 仓台 才台 ▮ 仓台 才

台 ┃ 以台 仓台 ┃ 才台 以台 ┃ 仓台 才台 ▮ 台台 仓 ┃

谱例二：小旦出场鼓段

（小丑）出场 金加美：大八大仓 ▮ 乃台 才台 ┃ 以台 仓 ┃

乃台 才台 ┃ 以台 仓 ┃ 乃台 才台 ┃ 以台 仓 ▮

谱例三：小丑出场鼓段

（武生）出场 急风：八大八 仓 才 仓 才 仓 才仓仓仓仓

仓仓 ······ 接四击头：大台 仓仓 大八仓 才仓 转（急风介）台 仓仓仓 ······ 住头 大台仓 嘟才台 仓仓接

（啪）

谱例四：武生出场鼓段

---

① 今属漳州市辖域龙海市（县级市）白礁村。
② 两岸仅次于妈祖的第二大信仰保生大帝祖庙。
③ 高舒. 弦歌不辍海峡情——论台湾歌仔戏与漳州芗剧双向形成过程中的时空交互 [J]. 南京艺术学院学报（音乐与表演版），2008（3）：41 – 44.
④ 漳州市文化志编纂领导小组. 漳州文化志 [M]. 漳州：漳州市文化局，1999：102 – 104.

2/4 **G 调** 52 弦

(1235　2176|55　6543|2·　32)|1̂·2　6561|5·　6|

1·6　1235|5　2　(3|2345　3216|2·　32)|1·2　6561|

1　5　6|7276　5356|17　1　(32|1235　2432|1·　23)|

776　5672|6·7　65|35　5672|6·(7　17|67　65)|

65　532|1̂6　1　2|3·　5|2321　76|⌐5 -|

1·2　6561|1̂5·　|5̂·3　5|6̂1　65|323　51|2·　(3|

2345　3216|2 -)|2·3　53|25　321|2　7　6|53　56|

6　1　23|1235　2432|1 -)|56　45|3·　5|255　3̂21|

2　15|2·3　523|³⌐5 -|3·　5|21　76|1　5　(7|6765|

3523|5 -)‖

谱例五：新杂碎（调）

2/4 **F 调** 63 弦

3·2　12|35　32|13　27|6̣ -)|6　3|67　65|35　65|3 -|

6　3|67　65|32　35|6 -|6　3|67　65|35　65|3 -|6　3|

67　65|32　35|67　65|3　4|34　32|13　27|6̣ -‖

谱例六：草蜢调

2/4 **G 调** 52 弦

(3· 5|5 32|1 2|3 -|6· 3|3 21|1 -|1 -)|5· 5|

6 1|2 12|3 -|5· 5|32 1|2 -|2 -|3· 5|5 32|1

2 |3 -|5· 3|3 2|³1 -|1 -|2· 2|3 21|6 16|5 -|

6· 1|2 23|5 -|5 -|5· 5|6 53|23 21|6 -|5· 3|

3 21|1 -|1 -‖

谱例七：望春风

　　20 世纪 50 年代，漳州布袋木偶戏也向国内的成熟戏剧形式学习，推行剧本制。这一时期，漳州市木偶剧团针对不同的剧目，以及出国及接待演出需要，配备了京剧、芗剧（歌仔戏）、潮剧、民间音乐、儿童音乐、歌舞曲等多种不同的布袋木偶戏音乐形式。在使用中，遵循以下原则：剧本、表演和唱白已完全定型的传统折子戏，如《雷万春打虎》《蒋干盗书》《战潼关》等①，均采用京剧；全本戏、连本戏和部分语言生动的"坠仔戏"，采用通俗易懂的芗剧（歌仔戏）音乐；儿童剧、童话剧按儿童音乐的特点也进行新创或改编，比如《伞和公文包的故事》《姐弟俩》等，配合新创作的剧本，吸收民间音乐以普通话演唱；参加福建省、全国会演或影视片拍摄的《八仙过海》《擒魔传》《钟馗元帅》《狗腿子的传说》等，出自于全本戏，均以漳州本地的芗剧（歌仔戏）音乐为主，或以其曲牌为素材进行改编，间或采用儿童音乐。此外，常赴外地演出的剧目多有数种音乐及配音版本并存，如《奇袭白虎团》有芗剧、京剧和潮剧三类不同的剧种音乐方案，其中，京剧和潮剧用录音带配演。应该指出，同样因循着老一辈灵活用乐的传统，但民间剧团的音乐内容比市属剧团单一得多。这与民间剧团的从业人员音乐教育程度低、剧目资源少、排戏经费

————————

① 主要为哑剧。

漳州市木偶剧团主弦郑跃西和壳子弦（2007 年，高舒摄）

漳州市木偶剧团乐师和月琴（2015 年，高舒摄）

漳州市木偶剧团主鼓许毅军和京班鼓（2015 年，高舒摄）

漳州市木偶剧团乐队用的大广弦（2006 年摄）

有限且服务对象多数在乡村有很大关系。因此，现在漳州布袋木偶戏民间剧团多数依旧保持着单一采用芗剧（歌仔戏）唱腔、京剧锣鼓，以现场唱演为主的音乐特点。

　　不论是汉调、京剧、芗剧，抑或 1949 年后剧目音乐的多样设计，漳州布袋木偶戏的音乐内容一直追随着社会生活和时代背景的变化而不断改变，我选择称其为"灵活用乐"。"灵活用乐"应该是多数民间戏剧都有的生存智慧，只是在注重表演的漳州布袋木偶戏上体现得更为突出罢了。当然，至少到目前为止，用乐的灵活并没有使演员放松对表演、唱念"声情"的要求。他们依然研习轻重缓急、吞吐浮沉的"八声"，依然考究喜、怒、忧、思、悲、恐、惊的"七情"。但也正因为灵活用乐的传统，每当偶戏唱着老腔老调失去新鲜感，观众减少时，该戏艺人便主动将观众们不再喜欢的偶戏唱腔、伴奏等内容删改、更新、替换成当时最为"流行"的戏曲或其他音乐，借"流行"以招揽观众，维持生计。这种用灵活调整音乐来适应当时社会生活和观众喜好的方式，经过老艺人数百年的实践经验检验，已经成为漳州布袋木偶戏人默记于心的生存之道。

郑跃西、许毅军

简介

郑跃西（1945.1—　）

男，汉族，福建龙海人。1959 年进入龙溪专区艺术学校木偶科学习，1962 年毕业后进入龙溪专区木偶剧团（现漳州市木偶剧团）工作，至今已 50 余载。1965 年即担任剧团乐队主弦琴师，擅长大广弦、壳子弦、六角弦、京胡、二胡，兼演奏唢呐等乐器。作为漳州乃至闽南一带不可多得的熟知本地民间乐器的资深乐手，1998 年借调至厦门艺术学校与中国戏曲学院合办的首届歌仔戏大专班任教。退休后，他平时除承担漳州市木偶剧团所有剧目的排练、比

郑跃西

赛和演出的演奏外，还长期承担漳州木偶艺术学校的乐器和唱腔的教学任务。现剧团青年演员多为他的学生。

许毅军（1971.3—　）

男，汉族，福建龙海人。老鼓师许福山之子。1979 年进入福建艺术学校龙溪木偶班学习，1984 年进入龙溪专区木偶剧团（现漳州市木偶剧团）工作，任乐队打击乐演奏员，后为主鼓。擅长布袋木偶戏中的各种"北派"锣鼓打击乐里的小锣、铙钹、大锣、板鼓、竖板、横板、小筒鼓、中筒鼓、大筒鼓等。平时除承担漳州市木偶剧团所有剧目的排练、比赛和演出的演奏外，他还长期承担漳州木偶艺术学校的锣鼓教学任务。

许毅军

采访手记

采访时间：2006 年 10 月 2 日，2007 年 8 月 16 日，2015 年 10 月 4
　　　　　日、12 月 8 日、12 月 14 日等
采访地点：漳州市木偶剧团、漳州市龙海市（县级市）象阳社感应庙
　　　　　社戏后台、漳州木偶艺术学校
受访者：郑跃西、许毅军
采访者：高舒

　　乐师的乐器就是乐师的语言，布袋木偶戏音乐倚重的是主鼓和主弦。
而鼓、弦两位乐师必定双生般同时出现，因此在有过几次单独接触之后，
我还是把原来打算的主弦、主鼓的单人采访安排在一起，对郑跃西、许毅
军两人又进行了一次联合采访。

　　第一次见到郑跃西，是在多年前我去剧团采访的时候。他带着他的六
角弦，笑盈盈地坐在人群里。说起话来就是闽南老一辈特有的谦卑，特好
商量。那几位老师傅都是从事表演的好手，一壶茶泡开，他们已经聊起了
以前传统剧目里面的曲调。说到哪一段好听，大伙儿就磨着他，"跃西来
一段"，说到另一段，他二话没说，又奏起另一段。后来我发现，不论什
么时候见着他，他永远带着他的六角弦。

　　由于漳州布袋木偶戏的拉弦乐器大量使用本地芗剧（歌仔戏）所特有的六角弦、壳子弦和大广弦，有时还要吹唢呐，郑跃西作为剧团的主弦，对这些有点"小众"的地方乐器演奏得最是地道，被公推为

笔者采访郑跃西（2015 年，姚文坚摄）

漳州乃至闽南地区乐师中一等一的好手。他当然最爱这些发着闽南声音的"宝贝"乐器，可是也不得不在闲暇时教教二胡。没有办法，现在适龄的学生们都有考学、考级的压力，"谁学乐器不得学个有学校有专业有奔头的呀，光学个壳子弦、大广弦，长大了能去哪儿呢"！近年的一次遇见，他的身边多了一位向他习琴的同辈老者，听着他俩一起奏着大广弦，地方戏的声音世界似乎不再那么孤单。

笔者采访许毅军（2015年，姚文坚摄）

许毅军在漳州市木偶剧团当主鼓，是受到父亲原剧团老主鼓许福山的影响，后来父亲歇了，他接了班。在极其重视

笔者采访郑跃西、陈锦堂、沈志宏（2008年摄）

武戏表演的漳州布袋木偶戏里，鼓就是剧团乐队的顶梁柱。十年前，许毅军还不像现在这样留着络腮胡子，他的第一次演出是同他父亲一起，全程话不多，但壮实的身形和充足的底气，让人一眼即知，这是鼓师。"北派"风格的表演里，他的闹台锣鼓一定是开戏的重点。从小到大在剧团里泡着，他憨实却顽皮得很，既捧又逗，跟新老师傅都能搞怪一阵子。有他在，和布袋戏开演一样，乐队里一点儿也不担心冷了场。

主弦是一位谦和的好师傅，主鼓是一位外放的棒小伙。在漳州布袋木偶戏剧团演出之前"开锣"的热闹场子里，你能看见这样一幅奔腾的画面：曾经是一帮老师傅带着一个打鼓小童，如今是一个打鼓壮汉领着一群花甲老者，而欢闹的鼓声，正流淌着生命的奇妙旋律。

郑跃西、许毅军口述史

高舒采写、整理

郑跃西口述

从艺经历

小时候我家住在新桥头，家里生活比较艰苦。1958 年"大跃进"的时候，龙溪专区艺术学校木偶科成立，校址就在我家附近的厦门路。1959 年，我正读小学五年级，有一天正好看到艺校贴出的招生广告，于是就去参加了招考，并且录取了。我还记得是那一年的 5 月 4 日，我到艺校就读了，后来我的两个弟弟也去了。

我最早学的是闽南本地的主弦乐器，例如壳子弦、大广弦、六角弦等等，都属于芗剧（歌仔戏）这一地方戏曲的主要乐器。在艺校读了三年，1962 年毕业后，我就跟那时候的大多数同学一样服从分配，于是我到了漳州市木偶剧团。而这一阶段的艺校就招了三届，在我毕业后也停办了，到 70 年代才开始复办。

1962 年我毕业到了木偶剧团后，那个时候和许福山（许毅军父亲）一起搭档。1963 年就跟着剧团凭介绍信去广东业务演出了，当时都是很规范的，跨省到那边以后联系文化厅、文化局、文化馆或者文化站，进行售票的有偿演出。各演出地文化部门都会有人安排、接待、翻译等，也能调拨一些粮、肉、菜等食品和烟、茶。就这样，大约有两三年时间与老艺人们同台演出，等于在实践实习期。

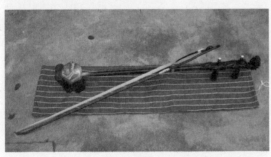

六角弦

　　1965 年木偶剧团由书记阮位东带队到浙江嘉兴，参加华东片区的调演。那个时候乐队的人数比较多，后来老艺人们一个个先后去世了，我们也就逐步顶上来。开始由我主弦，许福山主锣鼓。

　　"文革"期间大演革命样板戏的时候，龙溪专区革委会主任是陈天仁，对京剧特别钟爱，我们和许福山都被借调到漳州市京剧团乐队，演出《沙家浜》《智取威虎山》《红灯记》等。后来"文革"结束，漳州市京剧团也就解散了，我们才又回到了木偶剧团。

　　此后，漳州市木偶剧团又恢复了由我主弦，许福山主鼓，两人搭档。直到前两年（2013 年）许福山去世以后，许毅军子承父业，我们开始合作，我主弦，许毅军主鼓。所以我这一辈子就是在拉弦。

弦开南北

　　在 20 世纪 50 年代，漳州就有好几个剧团，京剧团、芗剧团（闽南语称"笋仔班"）、杂技团、木偶剧团等，好些团在龙溪专区（现漳州市）和漳州市（现芗城区）两级都有。木偶剧团原来郑福来、陈南田他们主要用的是地方的芗剧音乐，而杨胜的班底经常使用京剧，当时团里好几个老艺人会拉京胡，许福山的师父陈克昌（漳州龙海人）和我的师父他们就都会京剧伴奏。

　　我这一届原来在艺校的时候也是学芗剧的。到木偶剧团以后，因为有很多精彩的传统戏是京剧曲调，所以我又开始学拉京胡、唱京剧。我的师父是从泉州京剧团回来的，那个团解散后，一部分乐师去了福建省城，而他是我们漳州南郊的院后村人，想回漳州来，这才到

郑跃西（左三）与杨烽、林强等在北京参加木偶调演《八仙过海》（1981 年摄）

郑跃西与笔者讨论六角弦（2015年，姚文坚摄）

我们团里拉京胡。记得那时我还到新华书店买了一本书《杨宝忠京胡演奏法》，用这本书指导练习非常好，靠师父的手和大师的书，逐步地把京胡练上手，当时觉得自己在京剧音乐方面学得也还不错。

在木偶剧团里，弦乐是芗剧用得最多的，由高低音各一组乐器配合，高音的一组称"上四管"——壳子弦、大广弦、月琴、笛子；低音的一组称"下四管"——三弦（含南三弦、北三弦）、六角弦、洞箫、鸭母笛。所谓的南三弦和北三弦有差别，南三弦的琴筒比较大，琴杆比较长，声音比北三弦低沉，评剧里面用的就是南三弦。北三弦声音比较高亢，适合演奏芗剧的杂碎调。这里说到的剧团乐队在布袋木偶戏音乐里的上、下四管的配合，主要是高、低音的配合，当然剧目配音乐伴奏的时候，也不是各种乐器都一起上，而是要根据剧情、结合曲目，各有所选。比如布袋木偶戏里用到芗剧的杂碎调时，大广弦就不能用；而北三弦却反之，主要就用在杂碎调里，其他曲调的伴奏里少用。

前几年，为纪念中日两国友好，国家中日友好协会通知，日本提出要看漳州市木偶剧团的经典剧目《战潼关》，并且要求不放配乐的录音带，要看乐队现场演奏。由于传统戏《战潼关》一直用京剧音乐做背景，那个时候这出戏已经长期用京剧录音带了。因此我们抓紧恢复演练京胡、京剧，那个时候锣鼓师许福山还在，幸好我们木偶剧团布袋戏的锣鼓一直保留着京剧锣鼓。

厦漳任教

1998年，厦门艺术学校与中国戏曲学院合办首届歌仔戏大专班，教习歌仔戏。那时厦门歌仔戏的乐队能力有限，缺少乐队老师，这也是闽南地区现在民间乐器演奏一直存在问题的原因。因为我们漳州市木偶剧团的乐队一直在省内被公认为水平比较高，厦门艺校的校长、主任就向我们木偶剧团借人，我就正式办理了两年的借调手续，到厦门艺校从事歌仔戏唱腔的伴奏，也就是琴师。一直到 2000 年这批学生毕业赴京会演，我们木偶剧团的乐队还在鼎力支持，岳建辉、许毅军等人也都一起赴京为之伴奏。

这次随毕业生赴京汇报演出时，我们住在中国京剧研究院研究生楼，我与另一位鼓师早晨闲来无事一起散步，去看了京剧院学生的练功，看他们男男女女十七八岁拉的京胡和打鼓，不比不知道，一比才明白自己的水平相差太远，感觉自己的京胡水准真是业余，回漳州后就挂起京胡，惭愧得不敢再拉。

我们教习的厦门那一批学生毕业后，现在已经成为厦门歌仔戏的骨干和台柱。接着厦门艺校也办了个木偶班，想让我留下来任教偶戏音乐。但因借调期满，我们漳州市木偶剧团也有需要，我还是回来漳州，改教漳州艺校木偶班学生的乐器和唱腔。现在漳州艺校木偶班招收的是综合班，虽然

郑跃西在漳州木偶艺术学校进行六角弦教学（2015 年，高舒摄）

以表演专业为主，但木偶戏表演的方方面面，包括表演、唱腔、乐器、雕刻等都有课程，毕竟要学习六年，学生们都要懂一些、掌握一点。至今在艺校已经教过很多届学生了，具体人数我也算不过来了。

艺校的课程，从乐器来说，每周两节课，每节课四十五分钟，都要从基本功开始。乐器课程是少了一些，但关键在于老师要认真教。另外，学乐器的根本还在于学生要花时间去练，单靠老师嘴巴去讲和课堂上练习是远远不够的。学生进校的时候，应该说都不懂，像六角弦，从乐器怎么

拿，怎么找弦的把位，弓怎么拉，一步步地教习，然后再从最基本的音符学起。不过乐器这东西天份很重要，比如现在9个学乐器的学生里面，有三四个天分就不错。

第二年开始学文乐弦乐器，第三年开始学武乐打击乐（锣鼓介）。弦乐器现在都以六角弦为起步。因为六角弦与二胡、壳子弦这类乐器比较接近，有利于触类旁通、举一反三。比如现在教学的这个班现在已经学到第三学期，基本上轨了，从D调开始学起，现在已经可以拉G调了。

郑跃西在漳州木偶艺术学校进行唱腔教学（2015年，高舒摄）

我也担任艺校的唱腔教学，表演就必须学唱。唱腔按照芗剧的曲谱进行教授，比如《三家福》的"游西湖"里面苏义先生的闽南语唱腔："寒来暑往年已近，教学赚来十二两银，家中大概柴米净，赶紧回家莫言停。"这课程如果没开设，将来就变成了哑巴演员。另外，剧团新进来的演员，在剧本出来排戏的时候，按照分派好的角色，各个演员要先坐排，我作为主弦，也必须到场，要给他们口授教习唱腔，一句一句地学唱，直到整首都能把握了，再接着学习弦乐伴唱。这些掌握以后，才开始排动作，这就需要主鼓到位了。

许毅军口述

父业子承

1979年，我父亲许福山在漳州市木偶剧团乐队打主鼓已经很长时间，开始手把手地带徒弟了。当时杨烽在木偶剧团当副团长，他找我父亲说，你要培养一个自己的接班人，不然你教了徒弟，等毕业了人家一有好单位，就跳出去，走掉了，你没办法留住人，将来剧团的锣鼓怎么办？于是父亲想到了我姐姐，想带她学锣鼓，可是杨烽认为，木偶剧团走南闯北，女孩子总要婚嫁，将来怀孕、育儿等有诸多不方便，肯定会影响到演出，提出让我学。

那年，我只有八岁多。我父亲说儿子年纪太小了，结果

许福山打板鼓（1981 年摄）

杨烽承诺年纪小没关系，具体手续他会到省里去争取办成。没想到真的如此。结果我九岁的时候就进了漳州艺校，那时我刚念小学一年级。

小学一年级读艺校，实在是年龄太小了，好在艺校的锣鼓专业课就是我父亲教，所以我平时还在小学里读书，放学回到家里，再由父亲给我上艺术学校的专业课。可能是因为年龄较小，我印象中，那时同在艺校的同学，有的读三年，有的读四年，我却读了五年才毕业。1978 年是艺校恢复招生的第一届，而我是第二届 1979 年入校，当时我跟沈志宏、庄晏红、郑少春、许桑叶是同学，1984 年从艺术学校毕业。

分配到剧团之后，我是从无到有、由简及繁，先打小锣，接着打大锣，然后才打鼓，一步一步走来，这才知道每一件乐器的打法。直至父亲退休及 2013 年去世，开始改由我接班主鼓与主弦郑跃西合作。

锣鼓听音

因为传统布袋木偶戏的表演最擅长于武打戏，忌讳长时间的唱腔和念白（讲话），所以布袋木偶戏师傅一般都必须配有较好的司鼓作为长期的搭档，特别是出演节奏明快的"大甲戏"和"短刀戏"。"大甲戏"即穿着盔甲的武打场面，也就是反映历史战争的故事，如《三国演义》《隋唐演义》等。"短刀戏"即民间绿林好汉见义勇为的故事，如《水浒传》《三侠五义》等。使用文乐即弦乐演奏是跟不上节奏的，全靠武乐锣鼓这类打击乐器来烘托气氛，才能显示出磅礴的气势和紧张激烈的打斗场面，

漳州布袋木偶戏的京班鼓（2011 年，高舒摄）

许毅军在日本访问演出《战潼关》打板鼓（2008 年摄）

许毅军（右一）在漳州排练录制《孙悟空决战灵山》演出音乐（2015 年摄）

所以漳州布袋木偶戏的打击乐一直扮演着后台的主角。

漳州布袋木偶戏的锣鼓其实就是京剧锣鼓。从组合来说，漳州布袋木偶戏的锣鼓打击乐里面有小锣、铙钹、大锣，各由一个人打；鼓里面有板鼓、竖板、横板、小筒鼓、中筒鼓、大筒鼓，全部由我一个人打。

每有剧本出来，无论新戏老戏，演员们都必须集中排练，编剧、导演、主弦、主鼓老师都要在场。先是坐排，教习唱腔、配弦，那是主弦老师的事，演员整本的唱腔都练完了，坐排就结束了。接着排练走台、动作。排练走台和动作的时候，锣鼓师必须到位。因为这关系到节奏问题，脚步、耍棍、武打、对打等，都要根据锣鼓的节奏来。导演也会要求演员的这个动作要做到哪个地方，那个动作要做到哪个位置，排戏的时候我一般是用锣鼓音代替嘴巴发声，演员必须服从锣鼓，要求哪一个动作是哪一锣、哪一个动作吃哪一锣，这要非常准确到位，演员绝不能上了台就按自己的感觉，拿着木偶乱耍乱打，观众会以为你演的这个木偶头脑不清楚。

当然，鼓师也会根据剧情的需要，按照规矩，区别文戏、武戏，选择运用。如果是文戏，对白比较多，有点像话剧，就只用板鼓和横、竖板打节奏；如果是武戏，我们漳州布袋木偶戏属于"北派"戏剧，而且是武戏比较好，就一定会用筒鼓烘托气氛。一般根据剧情需要，对应着动作等，会有个相对固定、达成默契的模式，也有许多固定的锣鼓段，比如"疾疾风介"是准备开打、冲锋时用；"九锤半介"是双方或多方对打时用；还有"四季头介"等很多，这些传统流传下来就是这个样子。

另外，下乡演出开场之前，一般都要打一场"闹台"，一般 20 分钟左右。闹台没有固定的锣鼓介，只是把将要演出的戏中锣鼓比较热闹的部分串起来。闹台，既渲染气氛，也广而告之观众，戏准备开场

许毅军在漳浦佛昙演出《钟馗元帅》打大鼓（2014年摄）

了。不过下乡的幕表戏的后台音乐就比较灵活，要看前台演员想怎么发挥，乐队要注意前台演员的开腔发声提示，再跟上配音。我们剧团比较正规，都有剧本安排细化，前台、后台的具体内容都能固定到位。至于业余民间剧团，那随意性就更大些，甚至于有时前台演员要讲什么，后台的乐队根本不知道，只能听前台演员的尾音，由尾音的长短，决定着锣鼓的快慢。

艺校施教

锣鼓是演员的生命，"北派"的漳州布袋木偶戏，没有锣鼓，肯定不行。布袋木偶戏的学生们都必须学锣鼓，以前我父亲在艺校教学生，现在我也在艺校教学生。学生学习锣鼓也是从基本功开始练起，要先学大锣怎么拿，铙钹怎么拿，小锣怎么拿，各种鼓怎么摆，鼓键鼓槌怎么用。

许福山指导来访的日本友人打板鼓（1981年摄）

许福山指导来访的日本友人打竖板（1981年摄）

再者，不是乐队才要看锣鼓经，演员也必须学看锣鼓经，比如大锣的"匡""卜""仓"，单单大锣就可以打出好几种声音；再比如铙钹的"才""扑"；还有小锣的"乃""台"；板鼓的"大"等。这些基本的文字、声音和动作，你要能够看懂、能够区分、能够记住、能够打出来。以后我锣鼓经写出来，你看到这些字眼，才能知道各处需用什么乐器，该用什么打法。到排练的时候，我念什么锣鼓字，你就要知道，你的表演要跟什么乐器配搭。

从教学上来说，我接下来就开始分工，谁打大锣，谁打铙钹，谁打小锣，谁打鼓，然后结合到具体锣鼓经开始学，比如大锣，又分单锣、双锣、三锣、柱头、双柱头，慢慢学习掌握好，然后再开始学锣鼓介"疾疾风""走马调"等。

郑跃西、许毅军：我们对乐队的寄望

布袋木偶戏的音乐有"武乐"与"文乐"之分。武乐即打击乐，武则刚，有节奏明快、气氛强烈之功。文乐为管弦乐，文则柔，有感情抒发、情绪变化之效，刚柔并用却有轻松活泼、欢快喜悦之感。

漳州布袋木偶戏擅长武戏，手指技术完全能做到动作迅速，节奏明快，因此没必要把那么鲜活的木偶干巴巴地晾在台上，搭配慢节奏的唱文曲，所以漳州布袋木偶戏大量地使用道白，保留着明显的漳州当地"讲古说书"的历史痕迹。结合它对语言艺术中道白"声情"的性格化的讲究，自然而然就产生了"千斤道白四两曲"的艺术特点。新中国成立前传统布袋木偶戏的乐队很简单，后台仅有四人、以打击乐为主，兼用京胡、唢呐等。

1952年以后，采用地方芗剧音乐，演员开始增多，而乐队人员和乐

器也随之增加，特别是增加了芗剧乐器，如壳子弦、大广弦、月琴、笛子等。我们漳州市木偶剧团的乐队在 1976 年，拥有乐队人员近 20 人和各种中西乐器，是漳州地区文艺界里人员最多、实力最强、水平最高和乐器最完整的后台音乐队伍。当时剧团

漳州市木偶剧团乐队旁围满了象阳社村民（2015 年，高舒摄）

乐队还向京剧样板戏学习，采用过管弦乐与西洋乐器和多声部、多形式的音乐演奏，首次把后台由司鼓当总指挥的传统习惯，改变为专门安排一个乐队指挥。但是后来，随着外出演出的增加，除了下乡演戏，剧团的演出都率先采用录音配演的方法，为外出演出节省费用。

　　现在剧团的在职人员中，能掌握乐队文乐的，就剩下岳建辉团长一人，武乐的也仅剩下我（许毅军）一个人了。原来团里乐队中还有几个，如打铙钹的查宪中，现在改灯光了；副团长郑少春原来是打大锣的，现在也走行政了；还有书记、艺术总监洪惠君原来是弹古筝的。由我们两人教过乐器且毕业后在木偶剧团工作的学生，现也都逐一转行了。现在一出门，团长就介绍说，许毅军是乐队队长，因为只有他一个人是在职的专门乐师。老师傅们都退休了，乐队普遍缺少熟悉闽南音乐的人，不好招人啊。

　　关于乐队的设想，我们当然希望它一直存在。特别应该强调的是，有人以为布袋木偶戏可以用芗剧的乐队班子，但其实我们跟芗剧不一样。我们漳州布袋木偶戏有唱腔，且唱腔节奏比较快，芗剧唱腔比较拖；锣鼓方面，木偶小，动作比较快，手脚一甩就上台来了，所以比较紧凑；而芗剧是人戏，动作不可能那么快，锣鼓肯定也比较迟缓。现在木偶剧团的老乐队师傅们还撑得住场面，以后如果剧团需要聘请芗剧团的乐队过来时，也

还是需要长期磨合，因为他们刚开始没办法适应我们的表演节奏，临时凑场，小心翼翼，难免出错。再比如说打锣鼓的手法，我们的手法跟他们就不一样。把大锣交给他们的大锣师傅，我打鼓，结果我们布袋木偶的很多动作的转折点位，他大锣都吃不到，即使我跟他互换锣鼓角色，结果还是一样。问题还不只乐师跟前台演员的木偶动作接不上，就我们锣鼓师本身，相互之间的节奏点也接不准。

所以我们是真心希望有个自己的乐队，有基本的人员配置就行：上下四管，八种乐器，至少要有四个人；锣鼓方面，大锣、小锣、铙钹、鼓，也要四个人，应该说这个乐队最少要有八个人才算基本能够凑齐。自己木偶剧团的乐队保住了，不管是平时排练，还是演出，因为全部都在一块儿演练磨合，包括手势、节点都非常了解，甚至都不用看你指挥，前后台都很清楚下一步是什么，自然无缝连接、紧密协调。

五

记偶雕
——席地刻木　精工馆藏

介绍

布袋木偶戏 "刻木为偶"。用天然樟木刻就的漳州布袋木偶头缝上布套，套于手掌，由手指操作，自然玲珑小巧，加上与之相适应的舞台，俨然 "小人国" 一个。作为真人的再现，布袋木偶通过观众的视觉印象来展示自己的身份，因此偶形雕刻，尤其是木偶头部以及面部五官表情的雕刻，对木偶戏角色的塑造起到了直接的重要作用。

布袋木偶戏的称谓及由来，一直就与布袋木偶的外形结构有关。一说是，布袋木偶戏的基本结构是连缀偶头及四肢的布内套①，在木偶内衣布套之外，加穿可替换的戏服，演出时套于手上，因此一身完整的布袋木偶形如一只倒扣的布袋；另一说是，过去传统的布袋木偶只有八寸大小②，道具简单，与其缺少固定场所的流动演出形式相适应，戏班成员也就两三个人，全部布袋木偶戏行头用一口布袋就能装下，所以布袋木偶戏演员拎着装行头的布袋就能走街串巷，村社流动，老百姓们称其为 "布袋戏"。

漳州布袋木偶雕刻技艺高超，得益于当地充足的樟木树林，也得益于此地 "南山禅寺" 作为佛教临济宗喝云派祖庭，自唐代以来就极具造诣的神佛雕刻和泥塑技艺③。据《漳州文化志》引史证资料，明

凿了一半的樟木坯子和木偶头（2007 年，高舒摄）

---

① 当地闽南语俗称 "人仔腹"。

② 新中国成立后，布袋木偶人像全身扩大到一尺二寸，拍摄影视木偶剧时，更另有放大。

③ 开元年间（713—741）太子太傅陈邕在当地建起 "报劬崇福禅寺"（现南山寺），后成为佛教禅宗临济宗喝云派的祖庭，东南亚寺院大多为喝云派后裔。这座佛教大寺院兴盛繁荣，闻名海内外，漳州因此而得名 "佛国"。

末漳州东门的作坊就专事木偶、神像、泥偶的制作和经营。笔者曾经专门就木偶头为什么用樟木，而不用其他木料，询问过多位偶雕老艺人，徐聪亮的解答较为完整：其一，樟木木纹细腻、油脂充分、容易刻画；其二，从长期雕刻佛像的经验中获知樟木防蛀防虫、经久耐用，不易开裂；其三，樟木在当地资源充足、取材便利，价格合适；其四，雕刻艺人容易刻伤手，樟脑油能消毒，伤口愈合得快且不会溃烂；其五，这里最关键的一点，樟木的重量较轻，适宜"弄尪仔"人长期举着木偶进行表演。因此即使有其他名贵木料可以代用，笔者采访到的各个漳州木偶作坊直到现在，仍然严格遵守着用樟木雕刻布袋木偶头的传统。

　　清末民初，漳州木偶雕刻进入了规范化制作。漳州木偶头雕刻的基本特质逐渐定下型来，即造型严谨，精雕细刻，人物性格鲜明，夸张合理，有地方特色，彩绘精致，着色稳重不艳，保留唐宋的绘画风格。漳州木偶头雕刻历来师徒相承，且以家族祖传的方式为主，许多享誉全国的雕刻世家也崭露头角，最出名的是以漳州市区徐年松、漳州石码镇许盛芳为代表的徐、许两家。徐家一派有徐年松、徐竹初、徐聪亮父子，许家一派有许盛芳、许桑叶父女。新中国成立后，漳州布袋木偶戏建立了专门的艺校木偶班，徐、许两家都有人任教，杨君炜等青年木偶雕刻师受教于传统的雕刻技术，艺校毕业后进入剧团工作，在剧目角色创作中逐渐成长，这意味

漳州布袋木偶雕刻大师徐年松

漳州布袋木偶雕刻大师许盛芳（1998年摄）

徐竹初作品 "千里眼"　　　徐竹初作品 "顺风耳"　　　徐聪亮作品 "马超"

着漳州布袋木偶的雕刻技艺不但未曾中断，还将不断以更广阔的方式继续延传。

　　漳州布袋木偶戏的角色本身已发展出生、旦、净、末、丑，行当齐备。漳州布袋木偶头的新老三代雕刻家不断在继承优秀传统的基础上，又创作新造型，以适应表演和剧目的需要。如今，角色上，仙佛释道、天仙魔怪、飞禽走兽，应有尽有；形象上，眉目生动传情，神态孤傲奇绝，造型出神入化，个个不同。

　　漳州木偶头雕刻作为传统手工艺门类中的一项，在 2006 年入选首批国家级非物质文化遗产名录。由于是戏剧舞台人物的头像雕刻，漳州布袋木偶非常注重人物面孔的性格刻画，夸张的造型、丰富的表情、类型化的处理方式是其木偶头雕刻的普遍特征。据笔者的走访，不论是市属剧团雕刻室还是私人木偶雕刻作坊，雕刻师优选樟木为材料，制作木偶头的流程已经相当成熟。如果按照传统流程，漳州布袋木偶头的制作又分为选轻软木料开坯、定型、细雕、裱纸、打底、磨平、彩绘、盖光、藏须、梳发以及安装活动的嘴和眼珠等十数道基本工序。

　　木偶的面孔是定型的，不会变化，因此面孔给人的第一印象就是偶的性格。在完成雕刻过程的一系列工序中，漳州布袋木偶雕刻师特别注重布袋木偶的面部神韵的体现，讲究 "五形" "三骨"，即两眼、两鼻孔、一

布袋木偶头制作流程（2007 年，高
舒摄）

晾晒中的木偶四肢配件（2008 年，高舒摄）　　漳州市木偶剧团雕刻室案头即景（2008
年，高舒摄）

嘴与眉骨、颧骨、下颌骨的设计，五官和脸形的变化更是层出不穷。同
时，由于观众是坐在座位上仰头看舞台上被演员们高举着的布袋木偶，所
以雕刻布袋木偶时还要注意，刻成的木偶眼睛都应该往下看，这样才能达
到人偶相视的良好效果。

漳州市木偶剧团雕刻室里的小沙弥、阴阳
（2008 年，高舒摄）

漳州市木偶剧团雕刻室里形态各异的罗汉
（2008 年，高舒摄）

另外，"北派"特色也在漳州布袋木偶的面部有着鲜明的体现。漳州布袋木偶头模仿昆、汉剧里的相应角色，造型比之"南派"的体态略大，雕刻写实中略带夸张，整体风格粗犷大气，脸谱绘制和装饰服装参照京剧，严格遵守不能互相串用的传统，将图样略加变化并定型下来。因此，漳州布袋木偶戏中经常出现的关公、曹操、张飞、郑恩、程咬金、包拯等文官武将，其面孔形象均与京剧脸谱存在很强的一致性。

许桑叶作品 "曹操"

除了传统的偶头雕刻和脸谱绘制，如今应表演需要，南北派布袋木偶的尺寸都有所加大，雕刻的木偶头尺寸也在逐步增大。新中国成立后，顺应布袋木偶戏表演方式由"坐式曲臂"到"立式直臂"的变化，漳州布袋木偶戏表演空间扩大，相应带来了木偶尺寸的增大和舞台的增大。木偶尺寸由过去传统的八寸大小，扩大到新中国成立后的一尺二寸，木偶的武打动作范围进一步扩大，视觉效果更清晰。到了影视木偶剧创作中，

杨君炜作品 "张飞"

漳州布袋木偶的尺寸也参考年龄、角色设计，将最初的八寸木偶，发展为用于传统剧目的一尺二三，用于100集木偶电视剧《秦汉英杰》的一尺四五，用于52集木偶电视剧《跟随毛主席长征》的约一尺三等多种形制。这种变化主要是为了解决以前木偶小后排观众看不清的矛盾，也是适应现在木偶戏参赛、会演总安排在人戏剧场里的被迫之举，但是从演员的表演动作和挚偶重量来看，增加了不小的难度。此外，随着科技的发展，天然颜料的使用越来越少，布袋木偶的上彩绘图也开始融入粉彩、丙烯颜料等新材料。

漳州市木偶剧团雕刻室库房的兵器架（2008年，高舒摄）

漳州市木偶剧团雕刻室库房的偶戏道具（2015年，高舒摄）

在全国多种剧种中，木偶雕刻是真人戏剧完全不涉及的内容，却是布袋木偶戏"成戏"的一个重要部分。总的来说，漳州当地的木偶雕刻艺术、粉彩技艺，张力实足意蕴含蓄，结构严谨线条流畅，形神兼备形态潇洒，几十年来，一直在国内本行业中首屈一指。由于漳州当地的木偶雕刻技艺普遍高于全国水平，除了布袋木偶之外，甚至提线木偶、杖头木偶等国内许多木偶职业剧团，都曾慕名找到漳州，请雕刻师帮忙，制作不同剧目所需的专用木偶。据调查，目前，漳州市木偶剧团的雕刻室为闽南一带、台湾地区乃至全国各地职业剧团手工雕刻、制作木偶，已经成为剧团筹集员工差额的基本工资和排戏经费的主要来源，这也是在戏剧当前的生态下以制作养戏的重要渠道。

（一）徐家一脉

简介

徐年松（1911—2004）

徐年松

男，汉族，福建漳州人。著名漳州木偶头雕刻大师。擅长"北派"布袋木偶头雕刻，与"南派"布袋木偶雕刻大师江加走合称"南江北徐"。其木偶头雕刻，别具一格。百余种头像，神态各异，脸谱设色鲜艳，造型趋于写实，稍带夸张，生活气息浓郁。1955年，漳州工艺美术社成立，他负责培养新一代雕刻艺人；1959年，其创作的生、旦角色选送参加全国工艺美术展览，受到文化美术界的好评；1962年，徐年松进入漳州市木偶剧团专职从事木偶设计雕刻，他创作的《闺文旦》《文武生》被评为全国优秀奖。1964年，获"木偶舞台设计"特等奖。

徐竹初（1938.10—　）

徐竹初

男，汉族，福建漳州人。徐年松长子。国家一级美术师，享受国务院特殊津贴专家，中国艺术研究院民间艺术创作研究员，2007年被认定为国家级非物质文化遗产项目"漳州木偶头雕刻"第一批代表性传承人。先在漳州工艺美术社工作，"文革"前调入龙溪专区木偶剧团（现漳州市木偶剧团）工作至退休，现为漳州竹初木偶艺术馆艺术总监。

先后为三十多部木偶艺术电影片和电视剧设计并制作木偶，其雕刻的"北派"木偶头，取材、技法源于汉剧风格模式，强调表情化和性格化，造型多达 600 多种，行当齐全，神态各异，生动传神。曾在中国美术馆及世界 100 多个国家和地区巡展作品并获奖，作品礼赠外国政要。其艺术成就被拍摄为多部专题片，并出版有画册《徐竹初木偶雕刻艺术》等。

徐聪亮（1950.12— ）

徐聪亮

男，汉族，福建漳州人。徐年松次子，徐竹初之弟。2007 年被认定为国家级非物质文化遗产项目"漳州木偶头雕刻"第一批代表性传承人。在传统的基础上吸收现代美术技法，强调造型性格化。作品造型夸张，表情丰富，极具创造性。在漳州市木偶剧团、漳州木偶艺术学校工作期间，曾先后担任彩色电影木偶片《八仙过海》、6 集宽银幕电影木偶片《擒魔传》以及《铁牛李逵》《岳飞》《两个猎人》《钟馗元帅》等 40 多部木偶影视片中数百人物的造型设计。由其制作木偶的《狗腿子的传说》获文化部"全国木偶皮影戏会演木偶雕刻艺术奖"，《铁牛李逵》2003 年获金狮奖第二届全国木偶皮影比赛银奖。

采访手记

采访时间：2015 年 12 月 10 日，2016 年 1 月 13 日、1 月 14 日
采访地点：漳州竹初木偶艺术馆、徐聪亮工作室、中国美术馆
受访者：徐竹初、徐聪亮、徐强、徐昱
采访者：高舒

　　以徐年松一家为代表的徐氏木偶雕刻，是漳州布袋木偶头雕刻的重要一脉。徐家祖上徐梓清，早在清嘉庆十二年（1807）就在漳州东门开设"成成是"木偶作坊。从徐年松到其子徐竹初、徐聪亮，其孙徐强、徐昱等，全家从事木偶雕刻，已跨越七代。不消说，徐家已成为漳州本地家喻户晓的木偶雕刻世家。

　　徐竹初是漳州市木偶剧团最为知名的雕刻师，现已年近 80 岁。早在 20 世纪 50 年代，少年徐竹初就把木偶头送给了毛泽东主席，还收到了中共中央的来信。20 世纪 80 年代，徐竹初雕刻的木偶头又被中国美术馆收藏，正因为如此，他与国内民间美术等方面的专家学者们保持了良好的交流和沟通。美学家王朝闻评价其作品能"普遍引起华夏子孙的自豪感"，雕刻家刘开渠赞扬其"精雕细刻，入木三分"。好风凭借力，他眼光深远地率先创建了漳州竹初木偶艺术馆，并成为中国艺术研究院在全国范围内甄选的 30 名民间艺术创作研究员之一，声名远播。就连身在北京的我，一提到漳州布袋木偶头，诸多师友们

笔者采访徐竹初、徐强（2015 年，蔡琰仕摄）

笔者采访徐聪亮（2015年，蔡琰仕摄）

都会脱口而出他的名字和他的木偶艺术馆。从某种意义上说，徐竹初像是漳州木偶头雕刻的一个活广告，吸引着大家走近漳州木偶头雕刻，走近漳州布袋木偶戏。而透过徐竹初的木偶雕刻，有心人看到的豁然开朗，才是漳州布袋木偶戏的那片天空。

徐聪亮是徐年松的次子，徐竹初的弟弟。与哥哥相似，他也在漳州市木偶剧团工作至退休。有所不同的是，他的偶雕独具特色，既尊崇于传统，又吸纳了现代。很多人都记得，兔年中央电视台春节联欢晚会上，名模林志玲手上拿着的玉兔造型木偶，就是他的作品。近些年，他在维持恢复和发展布袋木偶制作的配套用品，如盔头、服饰方面下了功夫。我见到他时，他们一家人在儿子徐昱的工作室里忙活。他回忆着自己怎么开始了以木偶雕刻为职业的经历，感叹着那个年代布袋木偶头在民间享受过的追捧。但是确实，古来几代，偶戏几番兴盛，可从没有人能够只靠雕刻木偶头生存。他的父亲徐年松以及祖上也都是以雕刻佛像为主业，兼刻木偶头，只有今天，专门从事布袋木偶头雕刻才成了传统手工艺，能够养家糊口。不同的时代，不同的机缘，木偶终于赶上了保护传统文化的好时候。

徐竹初、徐聪亮口述史

高舒采写、整理

徐竹初口述

徐家传统

漳州的木偶戏自古以来就很盛行，木偶头雕刻也很出色，在清代的时候就有一帮出名的木偶头雕刻工艺师，如鸽司、扭司、尚司、滨潭、金钟等。到了清末的时候还有木偶雕刻的作坊存在。听老人们说，那个时候比较出名的是岳口街的"和手中"木偶头雕刻店。

我们家的作坊一直都是闽南地区赫赫有名的做佛像雕刻和木偶雕刻的手工作坊。我们家祖上在明末清初就开设了木偶雕刻作坊。我们的太高祖徐梓清（1768—1858），他在清朝的乾隆到咸丰年间开设了木偶作坊，店号应"成成是"（笔者按：徐梓清一生历经清朝乾隆、嘉庆、道光、咸丰四个时期，但"成成是"店号为嘉庆年间设立）。我们的高祖父徐和（1807—1904），我们的曾祖父徐骆驼（1842—1923），都继续沿用这个店号。传到我们的叔祖父徐启章（1890—1964），是我们祖传的第四代，他的店号是"自成"。再到我们的父亲徐年松（1911—2004），算是第五代，店号叫作"天然"。而我建立了漳州竹初木偶艺术馆，我是我们徐家木偶雕刻的第六代，现在我的儿子徐强也做这一行，他是第七代。同样，我弟弟徐聪亮，也是第六代，他的儿子徐昱也是第七代。

民国十七年，也就是1928年，父亲的"天然"木偶头雕刻工厂的木偶头很出名了，这是它最兴盛的时期。据说当时龙溪和龙岩一带，大多数都是销售"天然"木偶头，"天然"木偶头年产会达到200多个。

我父亲的偶头雕刻偏重于写实，稍微带一点夸张，生活气息很浓郁，比如说像白胡须的老头儿"白阔"，脸型就大多数是用国字脸，写真为主，

徐竹初作品"白阔"

徐竹初作品"长眉罗汉"

突出他的眉骨和下巴，眉毛松长，前额和眉梢的皱纹刻画细致、形象、生动。而文武生和文武旦，是我父亲的代表作。它的特点就是写实，五官俊秀，容貌丰腴，色彩调和，解剖关系处理得当，比例很合理。当时他雕刻了百余种神态各异的头像，且各有特色，非常符合漳州"北派"木偶戏的艺术风格。

父亲是 1911 年生的，跟杨胜、陈南田几个老艺人都是同一年生。因为年龄相仿，所以他们的关系都很融洽。2004 年，父亲离世。我们家兄弟有七个，另有女孩子五个，一共 12 个孩子，从事偶雕行业的，只有我们长子、次子两个人。我们两人间隔着生养，所以我们年纪相差比较大，差了 13 岁。我们生母去世了以后，父亲续弦，又生了几个孩子。

记得我们很小的时候，父亲就带我们去附近的庙宇修佛像，那个时候就教我们看佛像和菩萨、罗汉等的雕塑，观察他们的姿势形态。虽然父亲是远近闻名的雕刻高手，但是手艺这个技术仅靠遗传是不可能的，我们的木偶雕刻本事都是一点一滴地从我父亲那里学来的。

布袋木偶的需求使用有区域性，尽管老艺人们的很多木偶

徐竹初与台湾木偶大师黄海岱交流（1994 年摄）

都是我父亲刻的，但需要的数量毕竟有限，像以前农村的那种木偶，很破旧了，还在使用，如果艺人不讲究，一个木偶可以使用一辈子。所以如果只靠供给布袋木偶戏使用，那木偶头的需求量是很少的。台湾把布袋木偶当成一个主打的

徐竹初与台湾木偶大师李天禄交流（1994年摄）

工艺品，包括送礼、对外宣传，把布袋木偶人作为一种打出去的文化品牌。现在台湾真正用来演布袋戏的木偶很少。而在漳州，布袋木偶制作中很大的市场，是为台湾以及其他地区的礼品代工，在本地就是以布袋木偶戏表演为主。

徐竹初经历

　　1938年5月，弘一法师应漳州佛教界邀请来漳说法，恰与我父亲为邻，并结成好友。不久，我出生，弘一法师就赐名"竹初"二字，寓意我会像新竹那样茁壮成长，也祝福我们徐家像雨后春笋般兴旺发达。我母亲很重视孩子的教育，10岁那年，我被送到英国人办的华英小学读书，并开始学习雕刻木偶。我印象里有很长的一段时间，我都在刻木偶的胳膊和腿，我父亲刻一个我也照着刻一个，当胳膊和腿刻到非常娴熟的时候，我心里已经装下好几十个脸谱了。

　　与此同时，因为当时我老跟穷孩子们在一起，看到了很多穷苦老百姓艰苦的生活。那个时候我还经常到漳州当地赌场的门前买包子、肉粽和香肠。我一边买这些东西，一边留心观察不同人的不同表情，还有地痞流

徐竹初作品"霸王"

徐竹初作品"大鹏"

徐竹初作品"九头狮怪"

徐竹初作品"福神"

徐竹初作品"（东海　南海　北海西海）龙王"

徐竹初作品"小和尚"

氓和二流子的丑相，当时的留心观察对我后来创作各种角色大有好处，也就是说，后来我创作时这些素材就用上了。这几十年我已经习惯了，但是又不能够忽略传统的经验，所以我还在不断地学习、掌握、融会、贯通。

另外，跟父亲在一起的时候，我就一直去看野台戏，汉剧、京剧什么的都看。那个时候，漳州有几个有点名气的戏班子，叫作什么"金章""正声""天仙""天生"，我到现在都还记得。所以说起《群英会》《闹天宫》《武松打虎》这些好戏，我小时候都看了好多遍了。

另外我还很喜欢去听说书，一有空就去，有一段时间，我是场场必到。特别是像《三国演义》《水浒传》《西游记》《封神榜》这些故事我都熟得很。

当然，那时候对一个孩子来说，有时会碰到很多问题。比如说我父亲带我到东岳庙去修缮地藏王的雕像，那个菩萨非常高大，大概有十米，还有牛头马面等各种神佛鬼怪，庙里面阴森森的，刚去的时候我连门都不敢进。后来去过几次才不怕了，就这样子，我边看边摸边记，在脑海里留下了深刻的印象。

到了我十五六岁的时候，我考上了漳州一中。1955 年为了参加全国青少年科学技术工艺品展览会，我雕刻了三个木偶头——小孩、老翁、花脸，都获得了特等奖。当时获得这个奖项的汉族人只有两三个，而我是其中唯一一个做木偶雕刻的。当时的报纸进行了报道，还有电视台专门来为我拍专题片。后来徐向前、徐特立来漳州的时候还特地到了我家，我托他们把我的两个木偶送给毛泽东主席。一个多月之后，我就收到了党中央的来信，上面盖着中共中央的章，还写着：徐竹初同学，你送给毛主席的两个木偶已经收到了，主席很高兴，希望你好好学习，将来为祖国建设做贡献。

到了中学毕业那年，中央美院要破格录取我，但是那个时候我母亲去世了。我是家里的老大，家里有五六个兄弟姐妹，光靠我父亲一个人的收入是入不敷出的，就因为这样我进了漳州工艺美术社工作，没有去念大学。后来我又从工艺美术社调到了漳州市木偶剧团工作。剧团经常外出演出，还出访国外，很轰动。剧目里面有很多的木偶都出自我的创作。但是

徐竹初作品"门官钱如命"　　　徐竹初作品"蒋干"　　　徐竹初作品"雷万春"

好景不长，"文革"期间我的宝贝木偶被付之一炬，木偶剧团也宣布解散。到后来，木偶分队改做"样板戏"的木偶，一度让我很是失望。

十年"文革"之后，我再次拿起刻刀，重新开始刻木偶。那个时候很多祖上留下的老木偶和资料都没有了，我只能够凭着记忆，重拾传统家业。好在到了20世纪80年代，我得到了很多契机，还成为第一个在中国美术馆举办个人展览的民间美术家，并且得到了很多荣誉。尤其是2005年受聘于中国艺术研究院，成为该院首批30名民间艺术创作研究员之一，我是福建省唯一一个入选的民间艺术家，也是全国木偶行业唯一获此殊荣的人。

徐聪亮口述

徐聪亮经历

我是我们徐家的第六代，家里孩子比较多。我父亲的名气很大，但是以前家里很穷，不是单单做木偶雕刻就能生存的，他还要干很多活，比如雕刻菩萨，包括画庙宇的油彩，做庙宇的菩萨。做木偶时，头盔、漳绣、服装、画稿都要自己做，实在太忙就去西洋坪那边请人去绣木偶服装上的漳绣。自然我从小就接触得很多。

我哥比我大十几岁。木雕是手工活，在"文革"前，像我们这种手工业者家庭，一般父亲做什么我们都会帮忙，即使年纪很小也一定会帮着修一修、帮着做一做。所以我从懂事起就开始帮忙做，小学四五年级我就开始跟着做，起先帮忙做一些木偶的手脚。"文革"前，漳州有个工艺厂生产出口的小木偶。我们放学回来了，就抓紧用刀刻，一副手、脚就卖一两毛钱。当时这点钱相当于现在十几、二十块钱。我们根本没有时间去参加校外活动，光是雕刻木偶的这些手脚就忙不过来。但是"文革"一开始，佛像、木偶头都没得做了。

我的木偶头雕刻非常注重五形（即眼、口、鼻、眉和耳）和五骨（即眉骨、顶骨、颧骨、额骨和颏骨）。尤其是脸部，各色五官均根据人物的

外形、性格、身份和经历等来构思。如
《大名府》的守门官眉短、眼小，两眼很
近，一副鼠目寸光的典型形象，应该说也
备受木偶表演单位和广大爱好者的赞赏。

　　现在的木偶头雕刻艺人已经对木偶的
形象进行了改革。比如说木偶的长度从八
寸提高到了一尺二三再到一尺五。另外，
因为演出的需要，所以把木偶面部上的打
油和打蜡改成了用粉彩，用油彩扑粉定妆
避免演出时的面部反光。现在木偶的脸谱
参照京剧的脸谱，和京剧脸谱有所相似，
却不完全相同，形象新颖而又有特色。

　　但是有一点不变，木偶的雕刻不同于
一般的雕塑，有它的特殊性。刻木为偶，
以偶做戏，木头人既是木头又要似人，而
且木偶表情固定不会说话，所以雕刻一定
要选择有代表性的表情。正是因为我们徐
家一直都在体会木偶演员和真人演员的不
同，一直都很明确木偶雕刻艺术和一般雕
塑的区别，所以长期以来，避开了木偶的

漳州布袋木偶服装及漳绣（2015
年，高舒摄）

短处，发扬了木偶的长处，才让我们的木偶几乎不受限制，想要什么样子
就可以雕成什么样子。

　　我是老三届，碰上了"文革"，也赶上了1969年知识青年上山下乡。
因为我读书的时候就喜欢画画，从小就有兴趣，再加上家传的木雕技艺，
所以在农村就自己带着雕刻工具帮助人家修庙宇、做结婚床铺、搞木头雕
花等。在我下乡的村落，有很多地方还保留着我当年的木雕作品。也正因
为这样的一段经历，工艺上的很多方面我都有所接触，确实增长了见识。
1970年，龙溪专区木偶剧团正在重建，需要雕刻的人才，而我有祖传的

徐聪亮为 2011 年中央电视台春节联欢晚会设计制作的"布袋兔"

偶雕技术，所以免去了进艺校木偶班读书这一环节，直接进入龙溪专区木偶剧团从事木偶雕刻，很多方面都得到发挥和提高。1979 年到 1988 年，我调任福建艺术学校漳州木偶班任教木偶雕刻，其中从 1980 年起，我兼任龙溪专区木偶剧团木偶设计制作之职。1989 年调回漳州市木偶剧团从事木偶造型设计及制作。

算起来，我的木偶雕刻实践和制作经验也有 30 多年了。这些年来为国内外几十家电视台设计和制作了不少电视和电影木偶片需要的木偶，我还为多部木偶艺术片担任几百种人物的木偶造型设计。1986 年为上海美术电影制片厂的 6 集宽银幕电影木偶片《擒魔传》设计木偶造型；1987 年为福建电影制片厂拍摄的电影木偶片《八仙过海》设计制作木偶造型；1983 年到 1990 年，曾为福建电视台、厦门电视台创作《铁牛李逵》《岳飞》《两个猎人》《钟馗元帅》等多部电视木偶片的木偶形象，也获得了多次木偶造型奖。在自己坚持创作的同时，我还主要在福建艺术学校进行木偶班的雕刻教学工作，培养出了一大批木偶头雕刻的学员。学生遍布全国，其中不乏荣获国家、省、市等艺术类奖项的学员。

2007 年，我被评为国家级非物质文化遗产项目"漳州木偶头雕刻"的传承人。2010 年退休。退休之后，我依旧享受国家津贴，也常到儿子徐昱的工作室继续雕刻木偶。我现在从事木偶头雕刻，跟我父亲一样做得比较杂，当然，当年我的父亲是为生活所迫，而我不一样，我是为了自己的兴趣爱好。

"北派"偶雕

漳州木偶头从一开始就使用樟木做，在漳州，樟木并不贵。樟木在漳州华安、南靖、平和等山区很多。尽管现在禁止砍伐，但我们木偶雕刻的用料也很省，一大截樟木可以做好几百个木偶头。但如果是雕刻菩萨，块头大、用量也大，反而要从外省或外地去调樟木。

樟木的纹理非常好，木质有油性，含樟脑油，刀在上面非常好刻。如果用其他的木头，没有油性，木头很涩，非常难刻，你要非常用力。比如，龙眼木，它很硬，又很细腻，摸起来非常光滑，但太重，主要做木雕，不能用在布袋木偶戏偶雕上。因为布袋木偶头要轻，如果用其他的木头，演员就会提意见，因为整天要手举着木偶表演，太重的话，手受不了。但是同样很轻的木头，比如说梧桐木吧，木质过于疏松，木偶的细微部位你又刻不出来。

总之，樟木很轻又不容易裂，木质比较细腻，有樟脑油又不容易虫蛀。而且表演者拿木偶表演几个小时，手是会出汗的，樟脑油本身能杀毒去菌，且樟木木偶吸汗也不发臭，所以能长久使用、收藏。包括木偶的那些小道具，因为表演者的手要经常接触，也都采用了樟木，而用其他的木头就不行，时间久了就发黑发臭。像我们拿刻刀不小心划伤了手，也不怎么需要再用药消毒，自己很快就会好的，就因为刻的是樟木。所以雕刻樟木的人寿命都挺长的，都说跟樟木的杀菌消毒作用有很大的关系。

都是木偶头，我们跟泉州的不一样，我们是"北派"，它是"南派"，"北派"与"南派"那自然是有区别的，如文、武戏之分，音乐、动作之别。偶雕造型基本上差不多，但装饰上就不一样了。从木偶造型上看，我们"北派"的木偶带有点夸

徐聪亮制作的"北派"布袋木偶头"小旦"（2016年，高舒摄）

徐聪亮收藏的"南派"布袋木偶头"小生"（2016年，高舒摄）

张性，眼睛大一些，画的脸谱都往京剧靠，但是我们画的比"南派"细致，服装的前襟、跑腿、套腿都像京剧的服装。比如说张飞络腮脸，带个蝴蝶形状；霸王项羽那就不一样，有专门的脸谱。虽然跟京剧脸谱相比，小有变动，但面部特征显著，这是不能变的。你看我们木偶的眉毛就非常的粗犷大气，这在舞台上完全就是一种"北派"的风格。而"南派"不是京剧脸谱，它画得很细，很有艺术感。比如小生、小旦的眉毛，他画得很细很细，好像就用这种一两根毛的笔来画眉毛。尽管工艺性很强，精致，但说明它在舞台效果的考虑上不周全，因为实际上在观众眼里，木偶很小，在偶戏舞台下，这样细的眉毛，你一定是看不见的。再者，漳州的木偶人物脸部要打胭脂，这也是我们漳州跟泉州不一样的地方。泉州不打，白脸就是白脸，黑脸就是黑脸。我们自己也有接到泉州方面的生产订单，两派的木偶面部上彩确实有着较大差异。

传统老布袋木偶偶头的彩绘，是用熬出来的牛皮胶掺和矿物质粉末进行粉彩，但它用一段时间以后，木偶的白脸会泛黄，而且牛皮胶粉彩遇潮会发黏，也容易粘上粉尘，用水擦洗又会掉色，所以最后一道工序就得打蜡，有的还涂油，但这样的话拍电视又会反光。于是，彩绘就改用油画颜料，但这种油画颜料本身很粗，颗粒明显，必须要先经过打底，上彩后还要打磨，也很不理想。再后来，也改过用酚醛漆（闽南语"铁漆"），但漆色呆板，漆面易现细纹，漆膜也不耐，还是不适用。1986年以后，木偶头的彩绘开始改用丙烯，起先还要从国外进口，后来我们国家也生产了，亚光丙烯是不会发亮的，非常适合舞台及影视演出，而且防止

徐聪亮作品 "关羽"

徐聪亮作品 "红花"

了樟木水分的过快蒸发所
造成的偶头开裂，漆料的
硬度也进一步保护了偶
雕。如果是工艺收藏的偶
雕，就在丙烯彩绘的基础
上，再喷上一层透明的聚
酯亮光漆，更加透亮美观。

现在泉州当地的工艺
品木偶制造数量很多，但
是漳州的木偶制造还在发
展。泉州除了跟我们一样
家族手工生产木偶的，还
有从头做到尾的工厂性质
的流水线加工，由工人分
别承担各个工序的工作，
这样做出的木偶非常相
似。甚至有用树脂、塑料
原料，以模具压制成型的
偶头。他们的彩绘上色，
有的用聚氨酯，有的用酚

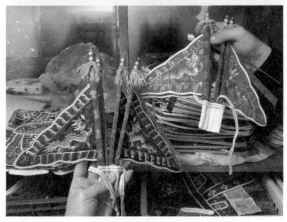

漳州布袋木偶服装比较，左为手工漳绣，右为机绣
（2015年，高舒摄）

醛漆，主要是因为漆料便宜，工艺简单。同样是布袋木偶的服装刺绣也有
漳绣手绣、机绣、机绣加手绣之分。

我们兄弟俩都不喜欢千篇一律地做同样一种形状的木偶，因为我们是
把雕刻木偶作为一种兴趣。这毕竟是一门功夫。我们在剧团的时候已经
创作了很多木偶造型，一个个风格不同。当然作为工艺品或者艺术品来
说，很多东西没有必要那么百分百的传统，毕竟目的不同，工艺和生
产方式也就不一定相同了。

（二）许家一脉

简介

许盛芳（1910.4—2001.1）

许盛芳

男，汉族，福建龙海人。原名清风，著名漳州木偶头雕刻大师。祖上自清代嘉庆年间起即从事木偶雕刻，他本人新中国成立前就闻名于福建及广东潮汕地区。新中国成立后，先受邀于厦门鼓浪屿新创办的鹭潮美术专科学校（今福建工艺美术学院）雕刻专业任教，期间创作出《西游传》全传人物和《水浒传》人物系列。后来改到厦门工艺美术厂雕刻、彩绘木偶，直到退休。木偶雕刻作品造型饱满，在刻画人物的性格上吸取京剧人物的优点，同时为满足当代表演舞台的需求，创作出体态略大、人物造型夸张的艺术形象，逐渐凸显了布袋木偶雕刻中的"北派"风格。1988年，他78岁高龄，仍在家乡石码为文化局创办"锦江木偶工艺厂"，待学徒如子孙。1989年，他的布袋木偶头作品入选全国首届民间工艺美术佳品及名艺人作品，部分作品被中国美术馆、中国民间工艺美术馆等收藏。

许桑叶（1963.3—　）

女，汉族，福建龙海人。许盛芳之女。杨烽之妻。国家三级舞台美术设计师。福建省民间艺术家、漳州市十大杰出民间文化传承人。2008年被认定为福建省省级非物质文化遗产项目"漳州木偶头雕刻"第一批代表性传承人。1983年毕业于福建艺术学校龙溪木偶班，毕业后分配到龙溪专区木偶剧团从事木偶雕刻工作，1986年调入艺校，现为漳州木偶艺术学校教务处主任，从事舞美设计、木偶头和道具雕刻与设计教学。

许桑叶

参加过传统木偶剧《大名府》《雷万春打虎》《战潼关》，神话剧《八仙过海》，寓言剧《两个猎人》《狼来了》，儿童剧《小猫钓鱼》，现代剧《赖宁在我们心中》等剧目以及电影、电视剧《八仙过海》《黑旋风李逵》《岳飞》《擒魔传》《秦汉英杰》《小猫钓鱼》等剧目的舞美设计、木偶头和道具的制作。曾获金狮奖第三届全国皮影木偶中青年技艺大赛最高奖项"偶型制作奖"；2011年，设计雕刻造型的《金星花》获得全国少儿木偶会演优秀剧目奖；2014年，第11届校园未来星·中国优秀特长生展示（测评）中获得优秀指导教师奖。

采访手记

采访时间：2015 年 12 月 7 日、12 月 8 日、12 月 12 日

采访地点：漳州市工人新村许桑叶家、漳州市木偶剧团、漳州木偶艺
　　　　　术学校

受访者：许桑叶

采访者：高舒

　　比起众人皆知的徐家，许家大名在木偶界之外鲜为人知。其实，许家同样是漳州布袋木偶头雕刻的行家里手，在业界声望极高。只是，许盛芳为人低调，不喜欢张扬，一生默默在漳州及厦门授徒传艺。当年，他制作的布袋木偶细腻传神，历久弥新，深受杨胜等名师好评。如今，撑起许家木偶雕刻的许桑叶依然延续着父亲潜心雕刻、处事低调的性情，专心于漳州布袋木偶戏的院校教学。

　　在漳州布袋木偶戏的整个文化生态里，出类拔萃的女性如凤毛麟角，毕竟剧团太累，雕刻太苦。孩童时期，许桑叶追随着父亲，从龙海老家先后到厦门、漳州。由于打小跟着父亲学习，又在厦门工艺美术厂从事过木偶雕刻彩绘，到福建艺术学校龙溪木偶班就读的时候，还是一副小丫头模样的她已经熟谙雕刻之道。毕业后，她先是进入漳州市木偶剧团，然后在漳州木偶艺术学校任教至今。

　　作为杨胜之子杨烽的妻子，她的辈分很高，

笔者采访许桑叶（2015年，姚文坚摄）

木偶剧团半数以上的资深演员都得称她一句"师娘"。在木偶头的制作方面，她也正值黄金时期，灵气满满，每个流程都是一把好手。但她似乎是有一些出离的，偏安于艺校，并且很享受这种听由自己的生活。她每天骑着车到学校，手把手地教不同年级的孩子们凿樟木头，刻粗坯，琢磨偶型，雕木偶文、武手脚，刻完偶戏道具再绘图上彩。也许一个真正的木偶雕刻者天生追求的就是心系舞台身在外。

　　谈起木偶头雕刻越来越商品化，许桑叶很平静。她带着平凡人的生活情怀，因袭着源自父辈的手工雕刻技艺，在每一个樟木头上创造一个个鲜活的面孔。刀尖轻抹延伸出眼神，笔端粉彩点染着朱唇，她的手不曾擎偶，但她的手一样抒情。

许桑叶口述史

高舒采写、整理

许家传统

我们许家祖居于漳州龙海石码，祖上也以雕刻佛像为生，兼刻木偶头。清嘉庆年间是第一代（曾祖父许酿），道光年间是第二代（祖父许玉带），他跟泉州做木偶头雕刻最出名的江加走是同一个师父的师兄弟，第三代是我父亲许盛芳，而我是许家的第四代。

闽南一带较为出名的木偶雕刻世家有徐、许、江（泉州）三大家。许家的偶雕盛名来自我的父亲许盛芳。新中国成立前，他还年轻，就已经闻名于福建和广东潮汕地区。他天资聪颖、刻苦钻研，直到近80岁，一般人都老眼昏花了，可他还耳聪目明，不忘雕刻和上彩。他雕刻的木偶作品除了造型饱满外，在刻画人物的性格上还吸取了京剧人物的优点，尤其是他的粉底功夫做得十分到家，上色细致绵密，亦很牢固耐用，木偶的民间表演者都很喜欢。他自己一直在学习，为了满足当代舞台表演场面的需求，他还创作出体态略大、造型夸张的人物形象，从而凸显了漳州木偶雕刻艺术中的"北派"风格。

我父亲不喜欢张扬，为人低调，默默无闻，他的名气全靠做出的木偶细腻传神而口口相传。有个有趣的故事，布袋戏表演大师杨胜曾请我父亲制作一批布袋

70 岁的许盛芳在龙海石码家中雕刻木偶头（1980 年摄）

木偶，用于出国演出。访问欧洲八国，载誉归来，一般的木偶在不同的水土下，干湿度不同肯定会变形受损，但杨胜一看，一个个木偶完好无损，风火不裂、尘灰未沾、毫无变形，从那以后，杨胜就专门指定我父亲为他做木偶头，并一直选用父亲的作品用于表演。也因为如此，闽南当地尤其是漳州、厦门，更对我们许家的布袋木偶头推崇备至。

20世纪50年代，著名的美术家杨夏林、张晓寒等在厦门鼓浪屿创办"鹭潮美术专科学校"即如今的"福建工艺美术学院"。由于厦门当地木偶头遵从漳州布袋木偶的传统，我父亲于1958年应厦门鹭潮美术专科学校多次相邀，由漳入厦，到该校任布袋木偶雕刻教师，期间创作了《西游记》全传人物和《水浒传》人物系列等很多木偶头作品，并参加了当时在北京举行的中国工艺美术展。后来，父亲改到厦门工艺美术厂雕刻、彩绘木偶。当时在他们厂设有一个很大的展厅，可惜的是父亲创作的数百件作品没能逃过"文革"的厄运，都被烧毁了。

| 许盛芳作品 "武生" | 许盛芳作品 "老生" | 许盛芳作品 "教师爷" | 许盛芳作品 "阴阳脸" |

更甚的是，临近退休的父亲也被送往当时厦门工艺美术厂学习班接受"革命再教育"。八十年代初"平反"时，父亲已七十，但他的内心活了过来。他意气风发，重执刻刀，数月间连续创作出数十件佳作，再次参加了"文革"后的首届中国工艺美术展，部分作品被中国美术馆、中国民间工艺美术馆等收藏。

88 岁的许盛芳在龙海石码家中雕刻木　88 岁的许盛芳在龙海石码家中给木偶头上彩
偶头（1998 年摄）　　　　　　　　　（1998 年摄）

1988 年，父亲在龙海石码为文化局创办了"锦江木偶工艺厂"，为家乡培养了大量的木雕人才。这一时期，父亲已经 78 岁高龄，可是他连执起细小的描笔彩绘开脸时也不曾佩戴花镜。就这样，他一直亲手雕刻、描画木偶，手把手地带出了一个徒弟，直到他 2001 年去世。

许桑叶经历

我小时候就知道我爷爷从事雕刻，但那个时候刻的菩萨比较多。像现在摆在家里的这尊整身的菩萨就是我父亲雕刻的，平和三平寺里祖师公最后面的那身尊者也是我父亲雕刻的，还有祖师公两边的侍者公、后排的伽蓝爷，都是我父亲的手艺。

我们兄弟姐妹六个，现在只剩四个了，我是最小的。我小时候大哥、大姐都在外面工作了，家里我二哥、二姐和我三个人。我二姐不喜欢雕刻，但我喜欢而且学的比较快，我二哥也刻，现在主要刻菩萨，木偶头也会刻。

我 13 岁的时候开始学，起先也是刻菩萨。以前我是帮父亲刻菩萨身上的那些曲线，练习线条。那时候雕刻的菩萨有整身的也有半身的。

1977 年底，我就到了父亲所在的厦门工艺美术厂里学雕刻。我是泥塑、纸扎、佛像上色什么都学。那个时候我 15 岁，当时初中两年就毕业了，我在厦门待了三年。

1980 年 9 月，我回漳州，就读于福建艺术学校龙溪木偶班，我们初中毕业生的学制是三年。当时杨烽负责招生，招收的学生都是原来有雕刻经验的世家子女。我跟从福州雕刻厂来的林强、金能调书记的儿子金启悦是同学。当时徐聪亮在艺校当老师，实际上我们那个时候已经都会了，所以我们自己就能雕刻。那个时候学雕刻的就我们三个，其他几个是乐队的。我们当时读书是不用交钱的，每个月还有生活费，刚开始的时候好像是 18 块。18 块那个时候蛮多的。

我 1983 年毕业就到了龙溪专区木偶剧团，金启悦留在了艺校，林强晚了一年，1984 年才毕业分配到剧团。那时剧团刚好在拍电影《八仙过海》，我们开始打下手帮忙雕刻，这是中国第一部彩色木偶电影。后来，又拍木偶影视片《黑旋风李逵》。那个时候剧团从事雕刻的员工还挺多的，徐竹初也还没退休，但主要是徐聪亮在负责，特别是偶头方面主要是徐聪亮在做。因为刚刚毕业，我们主要是帮帮忙。1985 年拍了 10 集木偶电视剧《岳飞》，电视剧里面要求眼睛会动、嘴巴会动的比较多，那些偶头全部是我们做的，《岳飞》的全部道具都是我做的。记得那个时候做得很精致，道具上面都刻着花纹，木偶的刀剑都能够抽出来。

团里，金能调是团长兼书记，副团长杨烽后来成为我的丈夫，主要的业务工作是他在负责。那个时候学校一直都是财政全额拨款，他们的工资都是在艺校领的，剧团当时也是全额拨款的，后来改成了差额拨款。

许桑叶与电影《擒魔传》中的闻太师（1986 年摄）

许桑叶制作剧目《抢亲》中的木偶头（1991 年摄）

1986 年拍《擒魔传》，偶头的雕刻主要也是徐聪亮。我们主要就是帮忙刻、帮忙画，制作主要是上海美术电影制片厂负责。我们还到上海去雕刻木偶头，足足待了好几个月。这一年，我就调到了艺校，但直到近几年，剧团拍摄《秦汉英杰》《跟随毛主席长征》等长篇木偶戏需要的时候，都会调用我来帮忙做木偶。

从教如流

1980 年，我们班几位偶雕世家的后人进艺校的时候，应该说都已经具备了较扎实的偶雕基础。到学校读书，实际上就是为了文凭。因为没有文凭，职称就评不上。文凭不过硬，你要破格评职称也不可能。我现在就只是中级美术师，并且可能一直是中级，缺的就是更高的文凭，所以不管我们手上的技艺怎么样，高级职称是评不上了。

我从艺校毕业后，起初也在剧团。以前艺校和剧团很多东西都是共用的，没有分得那么清。比如《擒魔传》就在漳州军分区拍摄，后来学生也去那边上课，一年以后才又回到剧团这边上课。现在因为我们艺校是全额拨款，剧团是差额拨款，所以慢慢地也分得比较清了。

1986 年，我从剧团调到艺校任教，正好教 1986 级这一批木偶班学生，之后我就一直在艺校教学。除了教习雕刻木偶头，手脚、鞋子、刀枪、靴子、帽子等道具的雕刻，我也教过。剧团基本上都是艺校毕业的学生，所以现在剧团里面有几位是我的同学，其他大部分是我的学生。比如 1986 年雕刻专业的杨君炜、郑雷云、郑文理三人，现在都在剧团里，一个雕刻、一个道具、一个舞美，各有分工。1997 年的艺

许桑叶在漳州木偶艺术学校教学（1991 年摄）

校毕业生则是表演、雕刻都学。我侄儿许昆煌也在剧团，他们那一批艺校表演专业的学生 2003 年毕业，所以我也教了他们六年雕刻。虽然没学那么精深，但是手脚都会刻，道具也会刻，画也会画，只是木偶头不会雕刻而已，这跟当年剧团的人才需求有关。

许桑叶在漳州市木偶剧团雕刻室指导杨君炜（2013 年摄）

剧团分配给演员角色以后，只提供给他们头和手脚，至于木偶的刀枪棍等手上拿的木头道具，都要演员自己做。当然如果手上拿的是铁之类的那就要到外面定做。戏服部分另有人专门制作，但也是每人一件，一个布内套，分给他们自己去组装，内衣要自己去缝制，因为木偶的脖子长短要结合个人手掌大小、手指长短情况，自己去缝制比较准确，演出时也才得心应手。

现在艺校的课程设置不同了。从我们教学的角度来说，我们要全都教给他们，让学生懂得木偶的各个方面。而剧团的分工也比较专业了，头、手、脚、内衣、外衣这些，都有各部门专门做，但是组装还是叫演员自己来做，老师都要教。所以，在艺校学过的学生尽管不可能对有关偶戏的每个行当都精通，但起码有一两个行当是拿得出手的。

许桑叶雕刻的各式文手（2015 年，高舒摄）

在艺校的第一年，我都先教画一年的脸谱。他们也有另外的美术

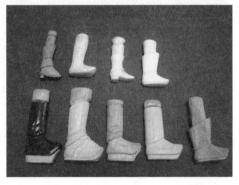

许桑叶雕刻的各式偶靴（2015 年，高舒摄）

老师。脸谱起先都是模仿着画，每周4～6节课，每节课45分钟，一年下来我所有的脸谱，他们也差不多都画完了。当然画的都是花脸的，小生等那些白脸，只能一年以后结合创作进行教学。课堂上要教他们怎么画，课后也要布置作业。学生肯定要去练习，不然的话，手抖线条就画不来，那脸谱就没办法完成。

第二年就开始学雕刻了，如果是雕刻专业的，那基本上每个下午都是雕刻课。也是从基础开始，先学习磨刀，再学习拿锯子，接下来学拿斧头，学会劈粗坯，也就是说先要掌握刀、锯、斧的磨制及使用。然后再从雕刻高靴、武手、文手开始，也就是说从简单的雕刻学起。

第三年学习木偶头的雕刻。上学期要掌握用斧头把原木劈成偶头粗坯的能力，老师要实际操作指导。下学期学生就要学会开脸，把偶头人物的五官雕刻出来，并且进一步细刻。除了上课，学生课外还要自己训练，逐一把握重点。以前我艺校的同班同学林强，后在剧团雕刻室做初坯，他自创了一套席地而坐，用脚夹住原始的樟木头，手拿斧子劈凿，可以在做初坯的时候，把五官都打出来的方法，可惜他前几年去世了。

许桑叶收存的木偶须发（2015年，高舒摄）

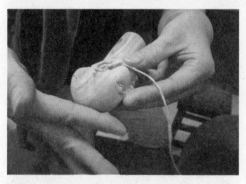

许桑叶示范为木偶头装置胡须（2015年，高舒摄）

第四年就要学会木偶头半成品的细雕、打底、磨光。

第五年开始学习上彩以及胡须、发型装配等扫尾制作。

第六年进行毕业设计以及毕业作品制作。毕业作品各种各样的类型都有，有传统的木偶头也有卡通形象的木偶头，但都要求必须是成品。相较于传统偶头来说，卡通作品则简单得多，只要你学会了雕刻，那肯定没有问题。

艺校六年的偶头雕刻学习，实际上学生只能掌握偶头制作的全部基本功，要能够真正掌握一线偶头雕刻的技艺，那还要经过磨炼和实践。我教学生的时候，是按照传统工艺进行。当然学生学习了以后，他可以根据自己的情况进行演变，但是大体的打底不能变。其他比较细节的部分，比如纹理，可以考虑演变，因为他已经有基本的脸谱了。比如说后羿，你拿出去人家一看就知道，你不能随便改，再比如说曹操、刘备、关羽、张飞，他们的脸谱是固定的，任何人都知道，你也不能随便改，不然人家看了都认不出这是什么人物了。所以你改也不能改得太随意。

偶型脸谱

漳州布袋木偶戏里的生、旦、净、末、丑可以发展出无数种。生有小生、武生、文老生、武老生，旦有小旦、武旦、媒婆、花旦、刀马旦、青衣好几种，净包括花脸，有大花、二花，像包拯、曹操是大花，张飞就属于二花，在京剧上就是唱腔比较多的属于大花，唱腔比较少的属于二花，还有红花、黑花，都不相同。

因为我们许家偶雕也是"北派"风格，所以脸谱也遵照"北派"脸谱，都是从京剧脸谱演变过来的。但是一般"北派"布袋木偶戏的脸谱只是参照京剧的脸谱，还是与京剧有明显的不同的。为什么这么说？因为京剧是真人演的戏，京剧脸谱的眼睛不能画，但我雕刻漳州布袋戏木偶头，木偶的眼睛可以画，而且眼睛部分还是木偶造型要突出的重点，要有戏、有表情、有情绪。

许桑叶作品"霸王"

所以，这就是人戏到偶戏脸谱一定要有演变，因为对象大不一样。

举个例子，我们把木偶头的眼睛部分刻成圆的，眼睛这边我们就可以画，可以做文章。我个人感觉京剧属于"北派"，脸谱除了大色块之外，并不会画得太花哨，我们许家的木偶头就遵照这个规律。而"南派"的脸谱画得比较花哨，其实是用细描的笔，比如画眉毛就是一根极细的笔头画出一条细微的线。但实际上，在舞台下面根本看不见，从演出效果上考虑，显然是不实用的。

京剧的脸谱与我们木偶头的脸谱，尽管一眼看上去都是"北派"，但进行比较就可以看出，这些木偶头的脸谱都是我父亲传承过来又加以变化的。传到了我，我父亲彩绘的这个木偶头的颜色可能没有那么鲜明了，我把它的色彩改得鲜亮一点，但大部分的颜色跟原来是一样的。现在讲非物质文化遗产的传承，传统的东西我们应该把它传下去。

同一个人物，不同时候，我画的不一定完全一样。每次画可能稍微有一些纹理的调整，但大体是相同的，可以看得出这是个什么样的人物，特别是人物的特殊标志你不能丢。像这个脸谱一拿出去，大家就知道这是钟馗，因为有个蝙蝠在额头，而京剧里是整只蝙蝠，木偶额头比较小，所以我就画成这样，看到有个蝙蝠，大家就知道，这是钟馗。

你看包拯，京剧的脸谱和我刻的木偶头的脸谱在额头处都有个月亮，并且上面画有七星。传说有这七星，可以下地狱去查案。

许桑叶教学用的"阴阳脸"脸谱（2015年，姚文坚摄）　　许桑叶作品"阴阳脸"　　许桑叶教学用的"钟馗"脸谱（2015年，姚文坚摄）

许桑叶教学用的"包拯"脸　　许桑叶教学用的"张飞"脸　　　许桑叶作品"张飞"
谱（2015年，姚文坚摄）　　谱（2015年，姚文坚摄）

　　比如说张飞，为什么叫张飞呢？因为这脸谱的色块布局有点像蝴蝶飞
的形状，京剧对张飞的脸谱也是这样处理的。

　　新的木偶人物，没有固定模式的脸谱。你要根据人物的性格，去想
象，去画脸谱。如果性格暴躁，面部线条就要设计得比较明显、比较暴
力。你可以从脸谱里面找出比较暴躁的范式，跟它相对应，这样到演出时
木偶一出台，观众就很清楚这个人的性格；如果是比较斯文的，那就不用
了，比如说小生，就按正常的画，一看就知道。

　　再比如说传统戏《雷万春打虎》，主角雷万春没有固定模式的脸谱，
但因为他是醉酒去打虎，所以你肯定要把他的脸颊设计成粉红的，不然就
体现不出他是醉酒。

　　因为木偶不
是真人，人是活
的，有不同的面
孔，但木偶的面
孔是不动的、呆
板的，所以就要
特别用色彩把它
体现出来，要用
化妆把它的性格

　　许桑叶作品"龙王"白坯　　　　许桑叶作品"龙王"

表现出来。比如一个病恹恹的人物，要多给他一些白色，加上演员的动作处理，一眼就可以看出他生病了；一个木偶皱眉头，你没有办法把它抹平，要想不皱眉头，你只能换另外一个偶，因此有时偶戏中一个主角人物要用好几个木偶头。特别是在拍电视剧的时候，同一个角色，这个木偶头眼睛会动，那个木偶头眼睛不动；这个木偶头皱眉头，那个木偶头不皱。如果是舞台剧那就不用准备那么多了，主角有一两个木偶头就够了。

至于变形的木偶头，比如说大家常见的漳州木偶头雕刻的千里眼、顺风耳等，这类的木偶头只能当成摆设来看，你真正要演这种木偶头怎么演？像这类的木偶，包括眼睛会动的，实际上在布袋木偶戏里有，但是不多。比如在《擒魔传》《封神榜》里面就有，但那样的偶头，只是在情节需要的时候出来一下，比如说眼睛凸出来、手伸长等，但你不可能让这个人物从头到尾都是这样的神态，也不可能在整场戏中都以这样的模样存在。所以他们只能在偶戏中出场一两次。

偶雕新变

最有生命力的木偶工艺，还是最传统的。按照传统工艺，木偶头上彩之前要经过多次的磨光、打底、贴棉纸、再磨光等程序。我得按照传统的工艺，选择好的樟木头、劈出初坯、雕刻、磨光，接着要先熬胶掺和好黄土补上一遍，然后磨好，再上胶裱上一层棉纸，接下来再用竹片把调好胶的黄土补上三四遍，然后再磨光。最后才开始打底、上色、彩绘，仅仅上底色，至少也要8遍，非常烦琐。

按照传统的工艺流程来操作非常费心、费时、费力，不过效果也最好。只是现在棉纸和这种特殊的极细腻的黄土要去专门的店买，已经快要停供了。补土打底的时候，必须熬牛皮胶掺和黄土，而以前黄色的黄土好，比较细腻，现在买到的黄土是白色的，不但粗而且沙粒比较多。再者，制作偶雕必须熬牛皮胶粘贴棉纸，一是防止樟木开裂，二是保证偶雕五官柔和丰满，三是保护偶雕避免损伤，四是可揭去棉纸修复偶雕。

现在由于原料的进化、工序的简化，大多数市面上流通的木偶头与传

统的做法不一样了。因此工
艺也简单多了，有的甚至直
接喷涂上色，最后再上一层
透明的亮光漆。所以现在熬
牛皮胶粘贴棉纸这道工序基
本上都免了，一是棉纸现在
不好买，二是工序比较复杂。

　　一尊完整的木偶，还需
要有服装、冠盔。木偶的服
装现在大部分是机绣的，当

木偶头与准备贴在木偶头上的棉纸（2015 年，高
舒摄）

然也有机绣与手绣相结合的。漳州手绣的刺绣俗称"漳绣"，也是起源于
明代的漳州传统工艺，2009 年 5 月被列入福建省省级非物质文化遗产名
录，不过漳绣极其费时、费工，现在只有精品木偶才会采用这等服装。布
袋木偶穿上全部纯手工的漳绣，会漂亮很多的。

许桑叶的刻刀（2015 年，高舒摄）

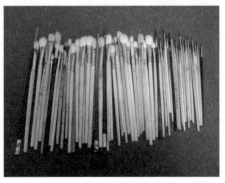

许桑叶的绘笔（2015 年，高舒摄）

223

（三）青年雕刻师

简介

杨君炜（1974.1— ）

杨君炜

男，汉族，福建省漳州市人。师承漳州布袋木偶雕刻大师许盛芳之女许桑叶。第九届国家文华奖舞台美术（雕刻）奖获得者，2014年被认定为漳州市级非物质文化遗产项目"漳州木偶头雕刻"第四批代表性传承人。三级舞美设计师，中国舞台美术家协会会员。1986年考入漳州木偶艺术学校木偶雕刻专业，1992年8月任漳州市木偶剧团舞美设计师，现为剧团雕刻室负责人。1999年至2002年受聘到漳州木偶艺术学校木偶雕刻班任教，担任木偶雕刻技术指导老师。2007年荣获"福建青年五四奖章"。漳州市首届"十大民间青年文化艺人"。其妻何林华也在漳州市木偶剧团从事雕刻工作。

采访手记

采访时间：2008 年 8 月 2 日，2015 年 12 月 7 日
采访地点：漳州市澎湖路漳州市木偶剧团雕刻室
受访者：杨君炜
采访者：高舒

　　在潮湿、冷僻的剧团老雕刻室里，守着三尺工作台，在一个个人工凿砍的樟木坯子上，从早到晚，重复做着十数道工序，完成一尊尊几寸大的小木偶头。一样是在专业学校里学设计，学画画，可比起拿着紫檀、黄杨的木雕师傅，甚至比起制作舞台布景板、设计灯光的舞美灯光师傅，天天凿着一块块樟木，划拉这么个小小的布袋木偶脑袋，好像是有那么点儿偏门。但这对杨君炜来说，意义非凡。

　　不论你什么时候走进木偶雕刻室，你总能看到杨君炜；不论你是第几次见到杨君炜，他都在摆弄他的木偶头；不论你准备了多少个问题想听他回答，他总是表示配合，但又总是低着头，话很少，雕雕雕，刻刻刻。大多数年轻人是坐不来冷板凳，挨不住木偶雕刻这个枯燥活儿的，或许，也只有这个"敏于行，讷于言"的杨君炜能做得下来。

笔者采访杨君炜（2015年，姚文坚摄）

　　可你要说他按部就班，缺少思想，又是大错特错！剧团上下都知道，他像个懂得读心术的魔术师，只要你说得出新戏里的人物性格，他就能刻出你心里想要的木偶模样。他平淡内秀，不争不抢，不多话不惹事，但人人都不由得佩服他的一双妙手，人人都推举他是青年一代的漳州布袋木偶雕刻领头人。每个人都有属于自己的光彩。他早早就获得了第九届国家文华奖舞台美术（雕刻）奖，那是距今 16 年的 2000 年。那一年，杨君炜刚满 25 岁。

杨君炜口述史

高舒采写、整理

从艺经历

家里只有我从事偶头雕刻。我的父亲是中学的美术老师，我从小就喜欢并开始学习画画。由于我父亲和徐聪亮老师是朋友，知道福建艺术学校龙溪木偶班招生的消息后，我就报考了木偶班的雕刻专业。

那是 1986 年，我还很小，才小学毕业。我只隐约记得当时入校有专门考试，除了语文、数学之外，还考了三门专业课：美术、色彩、泥塑。第一门是美术，考试内容大致是让考生们进行白描，一幅是英国的大鼻子小丑，另一幅是一个木偶头；第二门是色彩考试，基本就是把自己画的那两幅图填上颜色；最后是泥塑考试，是捏制出一只狐狸的泥坯。

考完试不太长时间，我就被录取了。这年 9 月，我就正式进入了福建艺术学校龙溪木偶班的雕刻专业，跟随许桑叶老师学习木偶头雕刻技艺。当年我们这一级的同学一共有 12 人，学制六年，大多数是木偶表演专业，偶雕就三个人。

木偶这个学科的专业教材非常少。艺校木偶班里的课程完全是针对漳州布袋木偶戏来进行的，尤其是木偶雕刻专业，更是以实践为主。老师手把手示范、美术、素描。起先几年，教我们依照传统的布袋木偶头制作工序，从砍樟木头初坯，刻布袋木偶的各款不同的手、脚开始，最后学习按已有的传统图样雕刻木偶头，甚至也鼓励我们按照自己的设

杨君炜和同事在漳州市木偶剧团雕刻木偶头（2007 年，高舒摄）

计雕刻木偶头。除此之外，我们也普修一些表演课程，以此来了解和熟悉布袋木偶戏。我们的表演课包括音乐课、形体课，另外还有专门的锣鼓老师和主弦老师教我们打锣鼓，熟悉木偶戏的曲调和节拍。

就这样，经过六年的传统木偶头雕刻技艺学习，我在许桑叶老师的言传身教下，打下了扎实的基本功。1992 年 7 月毕业，就进入了漳州市木偶剧团。

后来，艺校在 2009 年多招了一个木偶制作班，是学制三年的中专班，一个班有二十几个学生，全班分为雕刻、服装、头冠等专业，我就当了这个雕刻专业班的老师。该班毕业以后，通过考试招聘了林城盟、何林华两位进入漳州市木偶剧团从事雕刻工作，后者后来成为我的爱人。

挚守本真

我毕业以后就一直在木偶剧团，从 1992 年到现在，有 24 年了，一直从事并负责偶头雕刻工作。我们雕刻室还有何林华、林城盟等人。分工基本是，雕刻件多的时候，大家就进行分工制作，完工后经过我把关，有的再修改一下，有的就不用了；雕刻件少的时候，我一般就是从头到尾独立完成。

一般来说，传统剧目的偶头，比较简单，容易雕刻，因为基本结构、脸谱图案、画工方法大家都已经心知肚明、烂熟于心，差不多等于有个现成的模板，只要再结合布袋木偶戏的行当：生（小生、文生、武生、老生、武老生、文老生）、旦（小旦、花旦、彩旦、老旦、媒婆、大头旦[①]）、净、末、丑就可以了。比如我要雕刻传统的小生，小生就是个眉清目秀的样子；我要雕刻小旦，小旦就是个大家闺秀的样子，非常明确；只要根据剧情所需要的装饰去调整，就大功告成了。如果需要鬼神，就要按民间庙宇的佛像、民间传说、百姓的认同来雕刻，如白无常伸吐出的舌头，如来佛的头发、耳朵，巨灵神多出的娃娃头等。

---

① 和大头一样，是布袋戏专有的搞笑角色，在戏里作噱头，逗乐。

杨君炜作品"罗汉"

杨君炜作品
"巨灵神"

杨君炜作品
"千里眼"

杨君炜作品
"顺风耳"

杨君炜作品"黑贼"

杨君炜作品"大奸"

杨君炜作品"雷公"

杨君炜作品"红鬼"

　　但是需要注意的是，还要结合木偶头的年龄和性格特点，这个部分有时候要靠经验，但是最基本的模式还是有的。比如，孩子的五官必须要紧凑一点；大人的五官就要拉开一点；好人的五官要端正，鼻子、眼睛不要歪；坏人的脸庞可以很胖或很瘦，眼睛小小的，另外鼻子塌塌的、嘴巴歪歪的。

　　除此之外，要把木偶人物性格与心理活动的特性表现出来，木偶头像在继承传统雕刻艺术的基础上，也要有独特的夸张、变形的艺术处理。大多数时候，这种变形处理会主要出现在面部。比如各式丑角的板牙、守门官（漳州木偶的典型）的嘴脸、仙翁的大额头。

　　我觉得，现在除了配合电视剧的真实人物角色完成的偶人雕刻外，大多数的漳州布袋木偶头的面孔，基本都有一定程度的变形，如菩萨的头发，武将圆瞪的怒目，有一些儿童剧还会模仿漫画的造型，刻出天真的大眼睛等，使儿童和动物形象更加可爱。

　　刻好了木偶头之后还有一个很重要的步骤就是描画脸谱，通常大家制作木偶的过程中，并不是一个木偶从头到尾完成十几道工序，再从头到尾做第二个木偶，大家一般是，把一批偶头，统一进行一个步骤，再统一进入下一个步骤，当统一雕完一批偶头后，自己再一个个地绘制脸谱。以前许盛芳许家的上彩画脸谱就相当有名。脸谱主要是按照京剧脸谱，但是也要加上个人设计，比如孟良、包公（传说头上的半月形是马蹄印），但是我们在画的时候同一个人物的脸谱每次画出来的也只是基本一致，都会有一些小的改变。

另外，现在剧团分工比较明确了，一尊木偶分别由雕刻室刻木偶头、手、脚；由道具室刻所有的道具。一般讲的木偶雕刻，就包括这两部分。服装和冠盔又分别由另外两个部门做。总的来说，现在布袋木偶的头、手、脚、内衣、外衣这些，都各自有专门的部门来做。但是木偶头和木偶身体布内套之间的组装和缝合工作，还是必须让演员自己做，不分男女都要会缝制，这样做是为了让做成的布袋木偶大小长短适合演员个人的手指状况及表演习惯。

杨君炜作品"包拯"　杨君炜作品"红花"　杨君炜作品
"孙悟空"　杨君炜作品
"猪八戒"

偶形加大

以前传统的布袋木偶是八寸，但现在漳州布袋木偶戏拍摄的剧目越来越丰富，一般舞台都是参照人戏设计的，所以木偶也在向人戏这样的大戏学习，加大偶形。比如《秦汉英杰》一尺四五，《跟随毛主席长征》约一尺三（参考年龄、角色设计），相应的木偶头也就同步放大了。木偶头的大小同样要按照剧目来改变，这对我们也是个挑战。

52 集木偶电视剧《跟随毛主席长征》剧照 1

比较好操作的是一尺二的戏偶，旧时的八寸太小了。但获国家文华奖的《少年岳飞》的头像又太大太重，演员不好操作，手也很酸，很累。2015 年我们参加全国金狮奖比赛的《孙悟空决战灵山》，操作的孙悟空是一尺七，而唐僧更大，全身从脚到帽子有 55 厘米。舞台大了，木偶不能太小，不然观众就感觉这像是一群侏儒在表演。

不只是我们漳州布袋木偶，现在晋江的布袋木偶也比原来大了，不过没那么明显而已。我们漳州布袋木偶，差不多一尺三，也尝试过很明显地放大许多，但是由于不能像原来那样直接用手指操作，表演者单单用手指已经不能完全控制木偶的双臂了，因此里面还要套上一些关节，这样一来表演跟原来也大不一样了，必须用手指操纵机关，经常操作一段时间后，手指很容易就瘀青受伤了。

进入漳州市木偶剧团从事传统木偶头雕刻二十多年来，我通过刻苦学习与实践熟悉了传统木偶头雕刻制作的几十道工序。就像剧团雕刻的老师傅那样，我参与了几十部剧目的木偶头制

木偶神话剧《海峡女神》剧照（2012 年摄）

作，尤其设计制作的木偶剧《少年岳飞》荣获 2000 年第九届文华奖，随后又参与《神笛与宝马》、《铁牛李逵》、《招亲》、100 集木偶电视剧《秦汉英杰》、52 集木偶电视剧《跟随毛主席长征》、《海峡女神》等剧目的木偶造型设计、制作等。

由于木偶的大小在不断地变化，对木偶的头部、躯干材料的选择以及形体制作都有了新的要求，所以我自己也必须不断地学习，不断从其他艺术表现形式（如漫画、卡通、戏曲等）里，寻找一些适合木偶造型的现代元素；从现实生活中观察各种人物的神态，寻找创作的灵感，尽可能地制作出神形兼备、符合剧目要求的偶雕。

精益求变

现在漳州布袋木偶头的雕刻程序也有变化。以前一是做粗坯，二是磨光。粗坯先要用刀具修整，然后用鱼皮或草进行磨光，面部还得用粘纸贴平。三是上色。因为牛皮胶色泽较黄，旧时要调制桃胶，掺上磨制成粉状的矿物质颜料，上色后打蜡。现在很多程序都简单多了，用纱布直接磨光，再用丙烯做底妆原料，直接调好丙烯颜料的色彩，上色，然后用明漆喷亮，既省事也省钱。

现在徐、许两家传统的木偶做得多，很多是单纯作为工艺品。除了徐、许家族之外，民间雕刻木偶的也很多，不过基本上都是雕刻传统的偶头，顶多比传统的尺寸稍微大一点，纯粹当工艺品销售，大部分制作的还是很粗糙。社会上销往泉州、台湾的，会做得精细一点，画工线条也比较好。雕刻传统的偶头，比较好玩，也可以随心所欲，当然这都需要一些技术的积累。

和漳州徐、许两家相比，我的偶头主要是为漳州市木偶剧团的日常剧目服务，基本为木偶表演量身定做，所以现在传统戏的偶头做的比较少，新排演剧目的偶头做的比较多。近些年我们剧团因为舞台改革的需要，偶头都比较大些。如果说跟以前相比有什么困难的话，就是传统剧目的木偶头有个依据，但是新编的剧目都没有，所以只能靠自己。你得去查图书、资料，去搜集照片、画册，甚至还要查阅电视连续剧以及电脑资料。如果是古装戏，还要参考历史资料，然后加上自己的想象。

　　具体来说，为了雕刻好一个人物，你要根据剧本人物的性格特征来制作。也就是说，如今制作木偶之前，我要先看剧本，了解木偶人物的基本性格，然后看这个人物在作品里面的所作所为，加以想象后画出草稿图，最后开始雕刻。而在雕刻的过程中，再逐步加以修改。如果同部剧一批有十个人物，那应该要把这十个人物的年龄、性别、行为举止分门别类地区分开来，然后再进行制作，以避免类似。

　　我们现代的偶头一般根据人体结构来设计，只是在写实的基础上比较卡通化一点，比较接近动画，如获文华奖的《少年岳飞》里的人物偶头。而《秦汉英杰》就是变形类的较多，《跟随毛主席长征》像毛泽东、周恩来等领袖人物的头像，就要写实，要尽量接近本人。

　　有些特定的可以活动的偶头雕刻，比较费时费力，因为还要装配。不活动的那就简单一点，单个偶头的制作差不多就一个星期，因为工序之间需要时间，如等待它干透等，不过如果成批的布袋木偶头制作，就可以穿插进行，虽不省事但可省时。

　　近几年来，雕刻批量最大的是《秦汉英杰》里面的偶头，100集木偶电

52集木偶电视剧《跟随毛主席长征》剧照2

视剧里面的木偶头基本上全是我雕刻的。老实说，雕刻偶头很累，要坐得住、有耐性，同学里面没有几个能坚持得下来。但是到目前为止，我只有让别人满意的作品，还没有让自己很满意的作品。

100集木偶电视剧《秦汉英杰》剧照

六

记编剧舞美
——道尽千古 咫尺河山

介绍

"一时间千秋故事，三尺地万里江山。"漳州布袋木偶戏优势在武戏，所以它的传统故事也多取材于与侠士相关的各式传奇，如《三侠五义》《七侠五义》《小五义》《续小五义》《三国演义》《千钧宝扇》《王进骂帝》《郑成功》《七星楼》《赵匡胤下南唐》等连本戏，还有一些取材于本地故事的折子戏，如《马肚底案》等。在漳州布袋木偶戏存在的漫长的历史里，当地的老百姓们看着这些历史传奇度过了迎神祭祖、茶余饭后，但是看戏的人轻松，演戏的人却永远绷着一根弦，"想要靠戏吃饭，就得演新戏文"。

时代会变，艺术规律不变。新中国成立之后，漳州布袋木偶戏一度定位在少年儿童，所以既要保持传统的武戏，又要在故事上不断地创作，推陈出新。这一时期的漳州布袋木偶戏推出了一系列立意

漳州市戏剧研究所保存的漳州布袋木偶戏老剧本（2006年，高舒摄）

新、人物新，并且有浓郁木偶特色的儿童剧目，如《智取虎牙关》《阳阳和威威》《我爱国旗》《小英雄追国宝》《熊猫姐弟》《牧童》《八仙过海》《狗腿子的传说》《两个猎人》《钟馗元帅》《少年岳飞》《神笛与宝马》等，其中大部分源自剧作家庄火明的剧本创作。

同时，任何一个戏剧剧本搬演上台，都离不开舞美灯光，到了现代社会，更是愈演愈烈。结合布袋木偶戏的剧目特点，木偶舞台假定性强、可塑性大，它的视觉形象的塑造，不同于绘画、雕塑和建筑艺术，既要偶雕、表演、音乐之外的舞台效应和剧场效果，又讲究舞台造型设计、剧本

徐昱工作室里的漳州布袋木偶戏仿古戏台（2015 年，高舒摄）

剧情、演员操纵的完整统一。因此，我国文艺界的考古人类学前辈、东方艺术史学家常任侠认为，布袋木偶戏，完全具备了作为造型艺术的属性，是美术剧。

漳州布袋木偶戏的舞美也长期存在。与身高一米六七的真人演员相比，传统木偶身形尺寸只有八寸到一尺二，因此需要一个相对狭小的专用舞台。以前农村里自建的老式戏台一般是供人戏演出的，所以传统布袋戏的演出一般设在农村的庵边、庙前或晒谷场上，用木板临时搭建一个四方形的小平台作"舞台"，台上布置一桌二椅以及假定性的布城、车旗等简易道具。行头虽然简陋，但是简装轻便，很适合民间演出。

当然，类似于台湾称为"排楼"，宽约四尺半，高约四尺的传统布袋木偶戏台，漳州布袋木偶戏也有古色古香、小巧玲珑、雕梁画栋的传统布袋小戏台。它一般大概六尺长，由木制的双层小彩楼或小台阁构成，一层设三个门，左门出将、右门入相、中门横写布袋戏班名称，供戏偶右上左下。小楼的二层一般还设置两到三个窗口，以备剧情中小姐抛绣球或武侠好汉跳花窗之用。

早期表演的时候，布袋木偶的戏台通常面对祖堂，或者搭在祖堂里，正面布着一道用木框固定、蒙着纱布的素幕，下垂一段软绸，遮蔽后台，软绸背面（后台）一白布袋兜，置放演出时要用的所有木偶、锣鼓、弦师等在台侧或后场击奏。布袋木偶表演的头手、二手演员坐长凳，手搭台板，隔帘为观众表演，台位沿着台板并行移动。早期表演区域很小，能让几十个观众围看，已是极限。

20 世纪 30 年代，木偶雕刻大师徐年松在漳州"新南福春"戏班改革，设计了漳州布袋木偶戏最早的布景。1952年，郑福来、陈南田师徒在参加福建省会演的剧目《三打祝家庄》中，将表演的手臂姿势由"坐式曲臂"改为"立式曲臂"，加大、加高、加深了舞台，增加了演出人员，并增设了

刘焰星设计的大型布袋木偶戏《钟馗元帅》说明书和木偶小戏舞美设计

边条幕。1960年，赴罗马尼亚布加勒斯特参加第二届国际木偶与傀儡戏联欢节时，刘焰星等人首次加入投影幻灯机。20世纪60年代，借着对剧目进行复排的契机，木偶剧团成员和艺校木偶班的师生们参与舞台的改革，将布袋木偶增大为一尺至一尺二，舞台意象得到大刀阔斧的渲染。在移植"样板戏"的主要人物时，最大木偶为一尺五，舞台增宽至十六尺，之后又进行了多次调整、修改。1990年，新创剧目《钟馗元帅》中，刘焰星撤去边条幕，创造性地在台板下增设一个距地面四尺高的第二表演区，广受好评。

漳州市木偶剧团演职员们在象阳社搭台（2015年，高舒摄）　象阳社社戏舞台（2015年，高舒摄）

以前在人戏的剧场演出，舞台面偏高，造型设计要考虑仰角、视像效果、灯光变化等。经过近二十年的改革创新和调整改进，漳州布袋木偶戏多层次、可移动和可复式的立体舞台基本成型，结合现代高科技的灯光、音响实效，为布袋木偶戏的形象表达和意象虚拟渲染的强化，提供了更大的发展空间。

现在漳州布袋木偶戏的舞台用特定材料预制，基本形成了定型的通用、下乡、出国三种规格：通用舞台长十一尺，深九尺；下乡舞台长八尺，深七尺五；出国专用舞台长九尺，深八尺，高均为三尺三至三尺六。而在影视木偶剧创作中，现代的声、光、化、电等前沿科技也引进到了木偶剧表演艺术中。

布袋木偶戏舞台的尺寸受小小布袋木偶所限，但山川自然，尽收咫尺；世间万象，跃然台上；偶戏所展现的空间，何止千古岁月，万里河山。为不断适应社会和艺术发展需要，漳州布袋木偶戏致力改革、推进发展的舞台新格局逐渐成型，舞台成为布袋木偶意象的延伸。灯光、表演与意象交相辉映，漳州布袋木偶戏在这样高度假定性的舞台空间里，演绎出许多奇诡浪漫的神话（童话）与威武大方的打戏。

漳州布袋木偶戏的编剧故事和舞美灯光，不只是精致的画面，也是流动的传说，它们将朴素的生活哲理和审美情趣融于一体，反映着闽南民间传统艺术的个性，巧妙地丰富着漳州布袋木偶戏的内涵与外延。

100 集木偶电视剧《秦汉英杰》舞美设计 1

（一）庄火明

简介

庄火明（1942.7—　　）

男，汉族，福建惠安人。国家一级编剧，中国
戏剧家协会会员、福建省戏剧家协会副主席、漳州
市戏剧家协会主席。1961 年福建漳州艺术学校编
导科毕业，1962 年上海戏剧学院戏曲编导进修班
结业。先后担任原龙溪专区芗剧团（现漳州市芗剧
团）、龙溪地区木偶剧团（现漳州市木偶剧团）创
作员。

庄火明

20 世纪 60 年代，创作芗剧《鸾凤配》获福建
省剧本一等奖，参与创作芗剧现代戏《碧水赞》
（后改编为京剧《龙江颂》），创作《双剑春》获庆祝新中国成立 30 周年献
礼调演的剧本奖；1990 年，《钟馗元帅》获福建省优秀剧本奖；1992 年，
编剧《狗腿子的传说》获全国木偶皮影戏会演的优秀剧目奖、编剧奖；
1994 年，《两个猎人》获得全国木偶皮影戏"金猴奖"比赛最佳编剧奖，
后于 2004 年获捷克布拉格国际木偶艺术节最高奖"水晶杯"奖；2000
年，编剧《少年岳飞》获文化部第九届全国"文华新剧目奖"；2001 年，
《神笛与宝马》获福建省"向建党八十周年献礼"优秀现代戏剧本征文二
等奖。所创作的 9 部木偶影视剧本均摄制播出并获奖。另著有《庄火明剧
作选》（中国戏剧出版社 2005 年出版）等。

采访手记

采访时间：2015 年 12 月 11 日

采访地点：漳州市澎湖路漳州市木偶剧团办公室

受访者：庄火明

采访者：高舒

　　庄老师是带着他的好茶出现在我面前的。茶，是闽南人的标识，在漳州任何一户人家走访，都会招呼你喝一口热茶。随身带着茶，对我这么个外出十几年的人来说，意味着不只是享受生活，而且是在闽南文化里优哉游哉，自得其乐。他参与创作过京剧《龙江颂》的前身芗剧《碧水赞》，他担任过福建省戏剧家协会副主席、漳州市戏剧家协会主席，我印象中叫得出名的漳州布袋木偶戏九成都是他写的剧本，他就是庄火明。

　　编剧是人们常说的故事背后的人。台上见不着，台下他和我们一同在席间悲喜，不同的是，他能从这一个故事里回忆起成戏的一整串过去。庄火明，1973 年开始木偶戏剧本创作，木偶戏《少年岳飞》获过国家"文华新剧目奖"，另外多部剧作荣获全国木偶皮影戏"优秀木偶剧本奖"

笔者采访庄火明（2015年，姚文坚摄）

"最佳编剧奖"。有人算过，改革开放以来的 20 多年间，庄火明共有 18 部创作剧本荣获省级以上奖励，其中国家级奖项就有五个。

　　这样一位知名剧作家，在想象中，是不是应该带着点儿烟味、不修边幅、大而化之？然而，他可完全不是这番模样。孩童般清澈的眼睛，言语间眼角眉梢有笑意，笑中还闪动着一丝智慧之光。不说他神采飞扬，也算是容光焕发。

他往沙发上端坐，说起自己已至古稀，把我惊得不敢相信。穷孩子苦出身的他，连认字读书都是自学成才，40多年来，却成了漳州布袋木偶戏，乃至福建戏剧界的第一笔杆子。他的笔下众生不论喜悲趣怪，总不乏乡中的粗朴，城里的诗性。而他对布袋木偶的故事早已是得心应手，信手拈来。

庄火明口述史

高舒采写、整理

成长经历

我出生在泉州惠安的一个普通的农民家庭，小时候家里很穷。读了三年书之后就不得不辍学了。那个时候我干农活、当学徒，在惠安、崇武等地方，跟着大人们去摸爬滚打。到 9 岁的时候，因为我会算数、会打算盘，所以村里把我选作财会人员。这一下子，我就可以独立地生活了。

此后，只要一有空我就跑到县里的图书馆借书来看。刚开始的时候，我识字有限，就看小人书，不懂的字我就查字典，再到后来我就可以看大部头的书了。这些全都是自学。因为我一直在如饥似渴地看书，所以文学功底比较扎实。那个时候，只要是跟村里人一起看戏，我都可以把戏里的情节生动地讲给大家听，而且还可以帮村里的人给"南洋"（闽南语指东南亚国家）的亲人们写信。

就这样到 15 岁那一年，我有一个远房堂亲给我写了一封信，说他考到了龙溪专区艺术学校，他说这个学校办了一个编剧科，叫我也去考这所学校。我特别开心啊，赶紧搭车就跑来漳州考试。

艺校那个时候的编剧科老师是陈开曦和陈大禹。我笔试的时候，他们两个人觉得很欣赏，觉得作文功底还不错，就一致决定录取了我。1958年 7 月份我入学了，从一个农村孩子变成了龙溪专区艺术学校编剧科的中专生，并且后来还当上了学校的学生会主席和共青团支部书记。

在校期间，我在 1960 年写了芗剧剧本《一样洪水两样天》，这可能算是我的第一个正式剧本。这是因为那一年 6 月 4 号，正好是漳州特大水灾，我写的剧本讲的是新中国成立前后一家子遭遇洪水的不同遭遇。当时这个剧本在学校引起了不小的轰动，而且上海戏剧学院的编导进修班正好来福建招生，所以那个时候，龙溪专署文化局就赶紧帮我提前办理了毕业证书，把我作为艺校毕业留校的老师，保送到上海去读书。其间，我还在1961年到泉州市高甲戏团去实习了一段时间。

1962年2月，我在上海戏剧学院的进修结业，3月，我被分配到龙溪专区芗剧团当了专职的编剧。在芗剧团导演陈德根和陈开曦老师的支持下，我先翻编了一些其他剧种的好作品，比如《连升三级》等，后来我又写了根据芗剧传统口述剧本《万花彩船》重新整理的轻喜剧《鸾凤配》，得了龙溪专区剧本比赛的二等奖；之后连续写了《焦裕禄》《麦贤德》《南方来信》等21部芗剧剧本。其中我参与创作的芗剧现代戏《碧水赞》《双剑春》在全国的影响都很大。前者后来改为了话剧、京剧的《龙江颂》，后者还获得了全国庆祝新中国成立30周年献礼调演的剧本奖。

"文革"期间，芗剧团被解散了，我赋闲了一段时间，后被调到了木偶剧团。通过对布袋木偶戏的接触，我开始对写木偶剧本感兴趣。1973年开始，我就被正式调进龙溪地区木偶剧团（现漳州市木偶剧团）当编剧。

童心童戏

1973年到木偶剧团以后，我开始创作布袋木偶戏的剧本。其实布袋木偶戏和人戏的差别挺大的，我从一个芗剧的编剧，转成做布袋木偶戏的编剧，其间也有过一些挫折和磨砺。

最初的时候，我只是尝试性地用写人戏的经验，练笔性地写过一个童话剧《百花园》。也许因为刚刚起步，所以并不适合木偶戏，后来还是没有公演。从那以后，我就更多地专门了解布袋木偶戏。

漳州市木偶剧团在国内外的声誉一直是很高的，团里的那些木偶表演家都技艺高超，而且他们一直习惯于提携年轻人，

庄火明在四川参加成都国际木偶艺术节（2001年摄）

所以我向他们请教的时候，他们也非常热心地帮助我。现在，我对布袋木偶戏的艺术特点和表演特长比较熟悉，主要是因为对漳州市木偶剧团的那些前辈表演艺术家的拿手好戏了解得比较多。以前我有一些朋友，还以为我也是学木偶出身的。

刚进剧团那个时候我心里焦急，就把《大名府》《雷万春打虎》这些杨胜和陈南田他们生前编导、演出的一些优秀传统戏，拿来反复研究反复看。再对比木偶戏和人戏在情节处理和人物塑造上存在着一些什么不同，从此就有了一些收获。摸准了木偶戏的这些特点，我就开始改编《孙悟空三打白骨精》，后来效果很好，连演了三个多月，接连爆满了100多场。

庄火明（左三）在南京参加全国戏剧艺术节（2009年摄）

童话剧《两个猎人》剧照（2005年摄）

另外，在现代社会，布袋木偶戏定位在少年儿童。剧作者要为孩子写戏，就要跟孩子们交朋友，发挥丰富的想象力，时刻保持着一颗不老的童心。有一个阶段，木偶剧团需要编排大量的儿童木偶剧。在写剧本之前，我就去学校体验生活，主要是去和老师们交朋友，去了解孩子们的心理活动。那段时间前后不到一个月，我把小朋友们学雷锋等新人新风尚寓于木偶戏中，编写出了《我爱国旗》《小英雄追国宝》《熊猫姐弟》《牧童》等小朋友喜闻乐见的剧本。另外，《智取虎牙关》写 20 世纪 30 年代工农红军攻克漳州的战斗情景；《阳阳和威威》歌颂了中国人民在抗战中消灭日本鬼子的故事。

　　我创作的《两个猎人》，讲述的是一猎人没有真本领，只靠口技引擒猎物，岂料却引来猛虎；幸好另一猎人赶来，从虎口中救出了口技者。全剧语言少之又少，但却妙不可言，不仅吸引了小朋友，还把国内外不同层次观众的眼球紧紧吸引住了。该剧参加德国 "94 辛涅古拉木偶艺术节"时，慕尼黑大学的女翻译家克莱沫钦佩地说："中国人的想象力真丰富，剧作家把剧本写得太巧妙了，这是一出可在世界各地演出的好戏。"

笔墨人生

　　1979 年底，全国各地的剧团都想要拍一些新戏，我们木偶剧团也想要拍《八仙过海》，可巧中国木偶艺术团和成都木偶剧团都在排这出戏，所以当时有同事提议，我们是不是换一个题材，因为咱们小剧团毕竟拼不过大剧团。可是我想 "人家写人家的，我们写我们的"，所以，我就重新编排了一个 "八仙送花到人间" 的主题。

　　这个故事里，铁拐李贪杯误事、蓝采和中毒成石雕、曹国舅上当假花篮、汉钟离火起打曹国舅，刻画了 "八仙" 的机智诙谐、傲气勇猛、天真活泼、古怪任性等个性。后来在 1981 年的 11 月，这出木偶戏参加了文化部在北京举办的全国木偶皮影戏调演，荣获了优秀剧目奖（当时没有设单项奖）。那个时候《人民日报》《光明日报》《北京日报》等各

彩色木偶神话片《八仙过海》海报

大媒体纷纷发表文章对我们给予高度评价。文化部还将这出戏安排进人民大会堂为出席全国会议的人民代表和政协委员献演。后来福建电影制片厂更是把它搬上了银幕，《八仙过海》成了中国首部彩色木偶故事片，并且入围了电影"百花奖"最佳美术片奖，当时在国内外的拷贝近千部，又在中央台多次播出，反响很大。

写木偶戏剧本的能力成熟一些之后，我就想求新求变。我觉得木偶剧要不断创新，每个剧本立意要新，人物也要新，表现手法包括艺术形式都要比较奇特。传统布袋木偶里面腿部操作是弱项，但是我能不能有所突破？于是，1990年前后，我编写了《狗腿子的传说》。

《狗腿子的传说》取材于民间故事，知县换上了衙役的腿，衙役换上了狗的腿，狗换上了泥巴捏的腿。在我的剧本和木偶导演以及演员们紧密配合之下，这部戏里舞台上展示了八个人物加上一只狗的粗、短、长、细等各种形态的腿，布袋木偶还有伸、缩、锯、砍、接、跛、跳等各种有关腿的精彩表演动作，大胆地克服了木偶腿部动作的弱项。1992年，这出戏在全国木偶皮影戏会演中一举夺魁，获得了优秀剧目奖和编剧、导演、表演、造型奖等奖项，《中国文化报》还发表了《木偶戏姓木不姓电》的专题评论，赞扬该剧在推陈出新、保持传统、有浓郁的木偶特色等方面取得了可贵成果。

传统剧《狗腿子的传说》剧照（2004年摄）

　　另外，我写的《钟馗元帅》则把一出传统的抓鬼戏变成一个幽默的、喜剧的木偶题材。戏里的钟馗是一个非常善良的、很有童心的老者，为了保护一群孩子，在天上、地上、陆上与妖魔斗智斗勇。这出戏也推进了木偶舞台在构架上实施变革，刘焰星根据剧情设计出一个 1.7 米高，一个 1.1 米高的双层舞台，拓展了传统的 1.7 米高、3 米宽的"镜框"式舞台空间，从而生动地表现了戏中上天、入地的生动情景，一举获得福建省第十八届戏剧会演的"艺术创新奖""布景设计奖"和"优秀剧本奖"。

神话剧《钟馗元帅》剧照（1990年摄）

　　可以说为漳州布袋木偶戏写《八仙过海》《两个猎人》《少年岳飞》《钟馗元帅》《狗腿子的传说》《神笛与宝马》等大量的剧目，都是我对自己的一个挑战，也完成了我自己的一个心愿。这些剧本都被搬上了舞台，参加全省、全国的戏剧会演和国内、国际的艺术交流，多次获得优秀剧本奖、最佳编剧奖，其中还有很多的作品搬上了荧屏。有人统计，改革开放后到 2000 年的 20 多年间，我共有 18 部创作剧本荣获省级以上奖励，其中国家级奖项就有五个。

偶戏与人戏

　　我发现，偶戏的剧本和人戏的剧本有很大的区别。首先就是你得掌握木偶的特点，这是写木偶戏剧本的前提。其次对于木偶戏的编剧来讲，有一个必须要注意的问题就是，漳州布袋木偶经常要展示它高难度的技艺表演，但是这些技艺表演必须合理地出现在剧情中，如果脱离了剧情，就会让人感觉像是木偶杂技，而没有"戏"。所以，木偶戏的根本还是在戏上，要找好木偶表演动作和剧本之间的结合点。

庄火明（首排左二）在漳州参加漳州市戏剧家协会会议（2005年摄）

布袋木偶戏，能人之所能，也能人之所不能。木偶戏最大的特点就是真真假假，真人演员操纵木偶来模仿真人进行表演。也就是说一般情况下，只要是人戏能演的戏都可以移植到木偶戏上面来演出。比如说，布袋木偶戏可以直接表演剧情，加上各地的唱腔就可以成戏，所以剧团在"文革"期间也曾经成功地移植过六个样板戏。

但是，这一点优势在全国各地的木偶戏里面都是存在的。比如说陕西的木偶戏可以演秦腔的剧本，四川的木偶戏可以演川剧的剧本，广东的木偶戏可以演粤剧的剧本，浙江的木偶戏可以演昆曲的剧本，等等。木偶戏移植人戏的剧本相当简单，只要请来人戏的演员配唱或者直接借用人戏的录音，结合在表演上都可以完成。

但是相对来说，如果木偶表演者攻克了手指技巧，那么很多人戏没有办法搬上舞台的东西，木偶戏是都能够表演的。就比如很简单的，一些日常生活中的锤子、钉子、椅子、雨伞、手帕、衣服、刷子，这些东西如果出现在人戏的剧情里面是没有任何戏剧性的，观众也不会觉得有趣，但是如果是放在木偶戏里面，就出现了国际上很流行的道具木偶戏。漳州布袋木偶正好具备表演技巧的优势，就可以把这些没有生命的道具，在舞台上演得极富生命力，栩栩如生，而且会很有现场效果。

以前女作家丁言昭介绍过我，总结我的木偶戏剧本有以下几个特点：

第一个特点是都有独特的、奇特的题材。这些题材，其实是我根据自己的生活理解和舞台的需要，从现实生活里面选择并且加工提炼的。对于其他的戏来讲，可能就是一些普通的生活材料，但是对于木偶戏的编剧来讲，就要发现各个剧种的艺术特性的不同，从而选择一些奇特的题材来进行木偶戏的编写。

第二个特点就是自由的结构。一个戏通常我会把它分成纵横两个方面，就是说这出戏有几条情节线索，同时也要有几个发展阶段，也就是我们俗话说的"起承转合"。由于要木偶的表演来决定故事的情节和剧情发展，所以这个部分通常不像人戏那样有范式可以模仿、限制，而是比较自由。

第三个特点就是鲜明的人物。戏剧人物的形象塑造，是剧本创作里面很重要的部分。但是要注意到，木偶戏现在儿童剧很多，即使是传统戏也有大量是儿童剧。作为木偶戏的观众群，少年儿童的思维发育还没有那么成熟，他们的思想比较简单、比较单纯，就要求剧情和人物的发展能够一目了然。作为木偶戏编剧来讲，一定要让木偶戏里面的人物形象非常鲜明，且要有足够的辨认性。也就是说要类型化、可视性强，而且直观。

第四个特点就是简单的语言。这也是布袋木偶戏的传统。一般情况下，语言和行动都是塑造人物的重要手段，人物的语言必须和肢体动作相一致、相协调。但因为漳州布袋木偶戏的特点是"北派"，本来武打动作就很多，为了突出"北派"的表演优势，所以当木偶表演形体动作，或者有很夸张的打斗设计的时候，通常就不需要什么语言。

总的来说，其实我一直觉得，漳州布袋木偶里面的想象和幻想、人心和童趣的部分是非常丰富而且非常自然的。所以，如果按照这种想法去完成剧本创作，那么，木偶戏就不只是小孩可以看的艺术。因为它既可以展示木偶技艺，还可以让人意识到很多哲理。我觉得，木偶表演者其实就是让不会动的偶像变成能说会道、活灵活现的活人。那么木偶剧作家呢？就需要给这些偶像注入心血、思想和灵魂。

（二）刘焰星

简介

刘焰星（1942.6— ）

刘焰星

男，汉族，福建厦门人。国家二级舞台美术设计师。中国戏剧家协会会员、中国舞台美术学会会员、中国动画学会会员、福建舞台美术学会常务理事等。曾任漳州市木偶剧团副团长、民盟漳州市委文化支部组委。1965年，毕业于福建省艺术学院舞台美术系。1969年，进入龙溪地区木偶剧团（现漳州市木偶剧团）从事舞美设计工作，至退休。在职期间，担任了剧团近几十年数十出传统剧目和新创剧目的舞美设计，多有获奖。

其中，除剧目获奖外，独立以美术设计获奖的有：1981年，《水仙花》舞美设计图获福建省第一届舞美展舞美设计二等奖；1988年，任美术电影片《不射之射》美术设计获上海国际动画节特别奖和1989年上海美影厂最佳背景设计奖；1990年，《钟馗元帅》获福建省第18届戏剧会演艺术创新奖、布景设计奖；1999年，《少年岳飞》获福建省第21届戏剧会演舞美设计奖；2003年获福建省第二届舞美展优秀舞美设计奖；2009年，《水仙花传奇》获福建省第24届戏剧会演舞美设计奖；2010年获"金狮奖"全国第三届木偶皮影戏比赛舞美设计奖。2006年、2007年任100集木偶电视剧《秦汉英杰》、52集木偶电视剧《跟随毛主席长征》美术总设计。另外，多年来发表《木偶戏〈钟馗元帅〉舞美谈》等文章数篇，其美术绘画作品在国内外参赛获奖，入编各大画册，并曾在中国香港、中国台湾、新加坡、迈阿密等地展出、收藏。著有《刘焰星人物画选》《刘焰星国画作品》等。

采访手记

采访时间：2015 年 12 月 4 日
采访地点：漳州市澎湖路漳州市木偶剧团办公室
受访者：刘焰星
采访者：高舒

　　在一个几乎全是学传统布袋木偶戏出身的专业木偶剧团里，学美术的刘焰星真可算一个特例。身边的同事老友，不是摆弄着布袋木偶长大的童子头手，就是自小吹拉弹打、玩民间乐器长大的乐师小爷，而他，是正经八百地画着画儿，从福建省艺术学院里走出来的现代艺术青年。人在厦门的他，当年是一心奔着漳州布袋木偶戏，来到了剧团。

　　他小时候的闽南，还是民间传统艺术传播的沃土。厦门，也是漳州布袋木偶戏演出的天地。虽然说不清是看了哪家剧团铿锵生动的布袋戏演出，但他深深地记下了漳州布袋木偶戏，并痴痴地被它所吸引。用他的话说，当年临近毕业，他就一心想分配到漳州市木偶剧团工作，还把这个剧团填报成了毕业分配的第一志愿。无奈，当时剧团已经有了两位专业舞美老师，于是他"曲线救国"地先到了龙溪专区红旗芗剧团。但"三不五时"（闽南语，意为隔三岔五）就往木偶剧团里跑，往这里的舞美队伍里扎。功夫不负有心人，终于在 4 年后，他如愿调进了木偶剧团。

　　刘焰星把漳州市木偶剧团视为自己的艺术归属地。而有了刘焰星，也是

笔者采访刘焰星（2015 年，姚文坚摄）

漳州市木偶剧团的幸运。在后来的几十年里，这位有着广阔眼界的舞美设计专业人才，不断地配合着布袋木偶形制从八寸到一尺二、一尺五的放大，配合着布袋木偶戏表演从坐式曲臂、立式曲臂再到立式直臂，配合着不同的剧目，承担了任职期间剧团排演的几乎所有剧目的舞美设计，乃至退休之后参与剧团拍摄的木偶电影电视剧。

70多岁的他，依然是最熟悉漳州布袋木偶戏舞台布景的人，还带出了岳思毅等几个出色的徒弟。提起将来，他的眼里放着光。他说，漳州布袋木偶戏的舞美设计，是必须按着每一出戏的风格尝试不同的设计，要敢于创新、敢于尝试，抓住那出戏的风格显然是最难的，但也是最重要的。

刘焰星口述史

高舒采写、整理

每创作一部新戏，都要不同的舞台美术设计。我从事的舞台美术设计，就要根据不同的剧本演出风格，大胆地创作不同的演出形象。其实，通过形象、凭借感觉，让布袋木偶戏在一个合理且情景交融的境界中向观众说话，确实是一段艰苦而漫长的摸索过程。我时刻敦促自己在观念上要不断探索。什么虚呀、实呀、幻觉以及假定性等，无非就是为了挖掘漳州布袋木偶戏这个独特的剧种，延伸历史和超越自我。从事漳州布袋木偶戏的舞美带给我很多思考，尤其是满足了我儿时的心愿。

入行圆梦

小时候，我在厦门就一直看到漳州的布袋木偶戏表演，在一个孩子看来觉得真是太棒了。所以当时我就认定，我要学美术。后来真学了美术，1965 年我从福建省艺术学院毕业之后，那时候还是包分配的，让我们填志愿，我义无反顾地就写志愿到龙溪专区木偶剧团工作。遗憾的是那一年很不巧，因为当时木偶剧团里面已经有两位舞台美术设计的老师。由于考虑到我的志愿，就把我先调剂分配到"龙溪专区红旗芗剧团"。

我到芗剧团报到的时候，差不多全国都开始"文革"了，芗剧团也没有什么演出。那个时候，我就经常跑到木偶剧团跟老师傅们待在一起。毕竟我自己一直都对布袋木偶戏很感兴趣，在木偶剧团，既能有机会打打下手，也还能看看这边的木偶戏背景都在做些什么，都是怎么做的。

"文革"期间，其他剧团基本都停办了，木偶剧团虽然也受到派系斗争的影响，但是总体来说，比其他剧团的境况要好很多，当时也排演一些样板戏。后来木偶剧团需要舞美人员，我终于在 1969 年如愿以偿地正式调入了龙溪地区木偶剧团，直至退休。

当时我到团里的时候，曾经亲眼看到过木刻的传统布袋木偶戏戏台和很多早期传统剧目的布景，做得都非常用心。很可惜的是，"文革"期间由于派系斗争，老的背景都烧光了，什么也没有留下。

1969 年到团，我就参与了木偶剧团移植"革命样板戏"《智取威虎山》《奇袭白虎团》等六个戏的背景制作，开始自己动手设计《智取威虎山》等的背景。到 70 年代（笔者按：此处指"文革"结束的 70 年代末），剧团的业务相对稳定了，一些传统戏终于得到恢复，剧团复排《雷万春打虎》，也就在这个时候，我开始正式负责舞台美术。

1973 年，剧团派我和庄火明、庄陈华、陈锦堂去上海出差。当时去看了上海的木偶戏《三打白骨精》，虽然是杖头木偶的演出，我也从中学习获得了一些舞台美术设计的经验。后来这出戏由我们木偶剧团庄火明写出了一个布袋木偶戏的剧本，一度在漳州市区以及各个区县演出，接连三个月，一票难求，得到了非常好的评价。

1976 年，我陪着杨烽和朱亚来等人与上海美术电影制片厂拍了纪录片电影《新花迎春》，那里面我选取《智取威虎山》的片段和《庆丰收》的片段编的舞台美术设计，得到了大家的赞赏。

此后，我好像在布袋木偶戏的舞台美术设计里找到了感觉，开始频繁获奖。1981 年 12 月，大型木偶神话剧《水仙花》舞美设计图，获福建省

大型神话剧《水仙花传奇》舞美设计

第一届舞美展舞美设计二
等奖；1990年10月，大
型木偶神话剧《钟馗元帅》
获福建省第18届戏剧会演
艺术创新奖、布景设计
奖；1992年9月，木偶
剧《狗腿子的传说》参加
文化部艺术局在北京主办
的全国木偶皮影会演，获

大型布袋木偶剧《铁牛李逵》说明书、舞美设计

优秀剧目奖；1999年10月，木偶儿童剧《少年岳飞》获福建省第21届
戏剧会演舞美设计奖；2000年12月，获文化部"文华新剧目奖"；2003
年9月，获福建省第二届舞美展优秀舞美设计奖；2000年，负责木偶戏
《神笛与宝马》舞美设计，获福建省现代戏调演优秀演出奖；2003年9
月，负责大型木偶剧《铁牛李逵》舞美设计，参加"金狮奖"第二届全国
木偶皮影会演获银奖；2009年，大型木偶神话剧《水仙花传奇》参加福
建省第24届戏剧会演获舞美设计奖；2010年，参加国际木偶联会中国中
心、中国木偶皮影艺术学会在唐山举办的"金狮奖"全国第三届木偶皮影
戏比赛，获舞美设计奖。

舞台变革

　　五十多年来，我也见证了艺术实践和舞台美术变革的风风雨雨。尤其
改革开放二十年来，我一直在各地采风，埋头苦干，就是想在漳州布袋木
偶戏这个剧种的舞美设计上，让这块原来平面的、不到15平方米的布袋
木偶戏小舞台能够更有想象力，更符合大众的现代审美观念。

　　现在漳州布袋木偶戏的舞台用特定材料预制，基本形成了定型的通
用、下乡、出国三种规格：通用舞台长十一尺，深九尺；下乡舞台长八
尺，深七尺五；出国专用舞台长九尺，深八尺，高均为三尺三至三尺六。
在影视木偶剧创作中，更是引进了现代的声、光、化、电等前沿科技。

刘焰星在埭美古厝采风（2015年摄）

但在旧时，布袋木偶戏舞台是由时空自由的一桌二椅以及假定性的布城、车旗发展而来。布袋木偶高仅八寸，舞台为六尺长左右的"一字台"，正副手坐在一条长板凳上，面前布着一道用木框固定起来、中间蒙上纱布的素幕，下垂一段软绸，以供表演者隐蔽移动或交换位置用，表演者隔帘进行表演，表演区很小，左右有仿戏曲舞台的"出将""入相"的垂帘，舞台外观设计很讲究，框架用木制精雕细琢的各种古代人物和花鸟图案构成。

20世纪30年代，民间艺人徐年松首先在漳州"新南福春"戏班进行舞台美术改革，在表演区吊挂画有宫殿、公堂和花园的画布，这就是漳州布袋戏较早的布景。

1952年，在郑福来、陈南田的努力下，布袋木偶戏的演出形式改坐式为立式，虽然仍旧维持曲臂弄偶，但这个创举使表演者人数增加，舞台表演区随之改为宽八尺、深约三尺，并增加边条幕，后台深逐步增加到八九尺，使得八寸的传统小布袋木偶具备了加大到一尺二的可能，推动了漳州布袋木偶艺术的全面革新、提高。

1957年剧团出访演出，徐年松又设计了一套模拟宫殿建筑结构的浮雕刺绣组合舞台，因当时特别强调突出木偶的表演艺术，且因受出国人数限制，不能增加舞台装置人员，后恢复素幕代替布景。

到了20世纪60年代，木偶增大为一尺至一尺二，在移植"样板戏"的主要人物

木偶剧《神笛与宝马》舞美设计

时，最大木偶为一尺五，舞台宽增大为十六尺。以后又反复进行了多次调整，形成了通用的三种规格。1960年剧团赴罗马尼亚布加勒斯特参加第二届国际木偶与傀儡戏联欢节时，剧团演出了《雷万春打虎》《大名府》。根据演出的需要，首次设计了有写实风格的布景，同时还结合使用了简单投影机，云灯前采用三合板或硬纸板制作的背景以剪影形式投放于天幕，有蓝天、重山和树木等。后来有了简陋投影机，但又没有幻灯胶片，也没有专门绘制幻灯的颜料，通过反复试验后，只好采用在玻璃片上涂上一层白醋，等醋干以后再用彩染照片的颜色绘制而成，这就是我们当时所谓的投影幻灯。

打破旧式

一开始参与到漳州布袋木偶戏的舞美设计时，我就发现布袋木偶戏的剧目是非常丰富的。传统戏一般只有一个布景的模式，但是神话剧和童话剧就需要和时代同步，和一些电视剧、电影的布景发展同步。在我个人比较满意的《钟馗元帅》舞美设计过程中，我就根据布袋木偶戏的特点，

顶着对传统和惯例的违反，千方百计地去营造一个独特的演出空间形式。

1990年，剧团新创了剧目《钟馗元帅》。因为戏里面的人物角色多，我将舞台拓展为宽十六尺、深二十尺，又撤去边条幕，创造性地在台板下增设一个距地面四尺高的第二表演区，大大改善了舞台意象渲染的演出效果。

首先，在整体形式上打破了原有的舞台框架，为拓展舞

神话剧《钟馗元帅》舞美设计

台空间，提供了多层次全方位的表演区。在舞台的台板下拓展一个距地面1.2米高的第二表演区，撤去了边条幕，用略带圆形的大天幕包涵整个表演区的背景，使之成为前方后圆的扇形空间。其次，采用流动性移景，缩短幕间换景时间，保持剧情发展的连贯性。最后，为观众的视觉设计场景，用变形浮雕的艺术手法，应用中间色调来装饰，大胆采用景物的反透视法的设计方案，变观众的平视、仰视为俯视。

另外，场景流动有横向和纵向。横向流动应用在第四场，钟馗及小鬼在台上表演行走的动作时，第一场的景片推下，第二场景片紧接上，在时间不间断的情况下场景已交替完毕，角色进入下一场表演。纵向流动应用在"洞里"，当混声雷爆炸时，顿时地动山摇，山崩地裂，黑丝绒天幕急促下降，仿古色的天幕即刻露出了明亮的天空，天空下面一片地震后的废墟，而钟馗及众小鬼被压在低层表演区（台板以下）。这样处理使观众可直接看到钟馗被困于地下的情景，使观众从心理上感觉到，舞台上本来看不到的地方都看到了。

我认为这样的突破，既符合布袋木偶神话剧里的鬼神出没于人间地狱的需要，同时演员可以在两个不同层次的台板（表演区）下站着或坐在四个轮子的活动表演椅子上表演。这样给演员提供了不同层次的表演空间，使表演更加自由，调度更为灵活，可充分运用更丰富的表演手法去塑造人物形象，还使观众能够直接地感觉到木偶舞台与戏剧舞台的异同之处，体现出只有布袋木偶戏才能营造出的多层次全方位的舞台氛围，显示出布袋木偶舞台美术的特点。

同样，在儿童剧《少年岳飞》一剧舞美设计中，我也对传统的舞台美术进行了创新。全剧的布景精心设计了三块象征性景片，流动组合贯穿全剧始终，可以同时在特定的有限空间里创造出多层次全方位的表演区域。这样既达到场景简洁的目的，又适合童趣的夸张意境，能够更加淋漓尽致地突出布袋木偶的表演；既充分运用木偶造型与灯光、声效等艺术手段，布景形式达到与表演艺术的和谐统一，却又不至于喧宾夺主，且综合体现戏剧的视觉艺术和空间艺术。

历史剧《少年岳飞》舞美设计

偶戏荧屏

与众不同的是，漳州布袋木偶戏的表演艺术，在 20 世纪 60 年代已参与电视电影的拍摄。舞美设计从舞台走向荧屏，需要一个过程，需要一个重新认识、重新实践的过程，对舞美设计者来说是一次新的认识和尝试。

当时我就想，面对木偶和电影电视这两种艺术形式的结合，自己应怎样去通过不断的学习、实践，充分利用荧屏视觉艺术效果。于是我想到从利用一个固定支点多角度、多侧面的镜头移动，走向一个多元化画面。首先考虑所设计的场景与木偶表演艺术以及摄像机三者之间的密切关系，再根据影视艺术空间造型语汇，利用影视造型艺术的种种要素如色彩、光线、构图、运动等。另外，设计布景时一定要与剧中角色命运有机联系，要注意把角色与其生存空间完全融为一体，直接去表现角色思想、心情、心理、情绪、性格等方面具体内容。据此，我进行了一系列大胆尝试。

如《森林里的故事》的《老鼠告状》一剧，老虎深居深山老林，自然老虎的家用的是粗犷的原木，虽设有门、窗，但四周墙壁的外围是空荡荡的，因为老虎不怕外来侵略，不必防御。用这一造型直接点明老虎体大力

12 集儿童电视连续剧《森林里的故事》舞美设计稿

12 集儿童电视连续剧《森林里的故事》舞美设计

粗，善欺其他动物的凶恶本质，而老鼠虽小却聪明机智，这两种形象形成
强烈的对比。老鼠家园建立在一个破旧的竹制凉亭下的破塑料桶里。我利
用桶破的地方安置窗和门，周围环境有鲜花绿草，老鼠本来就在这安静的环
境下自由自在地生活。然而有一天，老虎往老鼠家丢了西瓜皮，从此打破了
老鼠家的宁静。老鼠到狮王家告状，被狮王拒之门外，后来老鼠产生了报
复心理……深刻理解剧作内涵基础上的设计，使影片更具有撼人心魄的艺
术魅力和审美价值。

　　我担任过《不射之射》《森林里的故事》以及《秦汉英杰》等十几部
戏 300 多集影视作品的美术设计，布袋木偶戏的小舞台已经和木偶影视的
大天地越走越近。布袋木偶戏舞台从传统的布景发展到现在，当代舞台设
计与科学技术的发展有着十分密切的关系。新思维、新创举、新材料的运

100 集木偶电视剧《秦汉英杰》舞美设计 2

用已经为漳州木偶戏舞台设计的高科技技术开辟了崭新的前景。我个人在影视偶戏的舞台美术方面也得到了很多荣誉。

　　1983 年担任福建省木偶影视中心拍摄的 5 集木偶电视连续剧《黑旋风李逵》美术设计，获庆祝新中国成立 35 周年全国电视展播一等奖；1986 年任福建省影视中心拍摄的 10 集木偶电视剧《岳飞》美术设计，获了福建省第二届电视优秀剧目奖；1987 年应邀担任上海美影厂美术电影片《不射之射》的美术设计，获 1988 年上海国际动画节特别奖和 1989 年上海美影厂最佳背景设计奖；2000 年任漳州有线台拍摄的 12 集少儿德育电视木偶系列剧《森林里的故事》美术设计，获 2001 年中宣部"五个一工程"奖；2006 年被无锡市偶形文化传播有限公司聘任为 100 集木偶电视剧《秦汉英杰》美术总设计；2007 年任上海电影艺术学院拍摄的 52 集木偶电视剧《跟随毛主席长征》的美术设计。

52 集木偶电视剧《跟随毛主席长征》舞美设计

七

记授艺
——稚子成材　薪火相传

介绍

历史上，漳州布袋木偶戏一直通过"家传父教，师徒授业"的薪传方式得以延续和发展，清中叶以后，形成了若干流派，其中主要有"福春派""福兴派""牡丹亭派"三系，其中又以"福春派"最为久远，已传承八代，近二百年。但是，传统的"师带徒""团带班""子承父业"的木偶人才培养方式存在相对落后的一面。比如，木偶表演的学徒传承教育方式单一，缺少系统的文化知识和专业的艺术理论，出师后，其基本文化水平依然较低，艺术创作能力受限。再者，完全寄希望于老艺师将艺术资源和全部技能彻底地传递给下一代艺人，或者下一代艺人完整地领会老艺师教授的所有木偶表演技巧，实际上在任何的戏剧团体的新老接续过程中可能都很难真正做到。所以，尽管漳州布袋木偶戏有了职业剧团，但在传承方面，尤其是传统剧目内容，如果只依靠传统的人才培养方式，就必然存在新老技能交替的隐忧。

20世纪50年代后期，漳州本地的"南江木偶剧团"与"艺光木偶剧团"的掌门人郑福来、陈南田、杨胜已声名远播。在福建省、龙溪专区（现漳州市）各级文化主管部门的重视、支持下，当地开设了由福建省直接管理的布袋木偶戏专门学科，即龙溪专区艺术学校木偶科，进行漳州布袋木偶戏的专业教学，并授予学员中专学历。面向全福建中小学生，招纳手指条件好的布袋木偶戏苗子，培养漳州布袋木偶戏的后继人才。这个在1957年经国家批准创办的龙溪专区艺术学校，作为当时地方艺术改革的试验点，甚至同时建立了与木偶科相匹配的编导科、表演科、舞美科。紧随艺校之后，1959年3月，业务由福建省直接管理的"龙溪专区木偶剧团"由"南江木偶剧团"与"艺光木偶剧团"合并组建。

可见，省属艺校与省级剧团的关系从建立之初，就是不可分割的。在时间先后上，民间剧团一早就有，但官方机构设置却是先建立了艺校培养人才，随后建立剧团，将艺校教师和前几批毕业生招收入团，传承木偶戏。在人员构成上，剧团的团员都有在艺校从教或者受教的背景，艺校的教师也往往是从剧团的现有人员中调入的，有大的戏剧表演项目的时候，还往往是双方共同合作。

艺校木偶班的第一阶段招生，自 1958 年正式开班到 1961 年 9 月，一共招生三届 33 人。当时漳州当地最为出色的一批布袋木偶戏知名艺人，如杨胜、郑福来、陈南田等直接参与了首批这三届学员的亲自授课，接近百分之百的毕业学员从事漳州布袋木偶戏事业，成材率相当高。龙溪专区艺术学校木偶科是有史以来第一次由政府举办的漳州布袋木偶戏最大规模的专业教学，大大充实了漳州布袋木偶戏这一地方小戏的新生力量。

"文革"期间，木偶剧团转为毛泽东思想文艺宣传队木偶分队，福建艺术学校、龙溪专区艺术学校均停办，漳州布袋木偶戏的传承戛然而止。1968 年，龙溪专区更名为龙溪地区，因文宣队工作需要布袋木偶戏演员，福建省文化厅拟议在龙溪地区筹建一座木偶学校以缓解木偶戏人才匮乏的问题，因选址未果，先行由原剧团人员承办学员班。1974 年，福建艺术学校①在福建省省会福州复办。"文革"结束后，陈南田于 1977 年从下放的罐头厂回到学员班，继续带徒，因此一说为艺校于 1977 年恢复开办。1980 年 5 月，福建艺术学校龙溪木偶班正式开办，1985 年，龙溪地区"地改市"，更名为漳州市，福建艺术学校龙溪木偶班改名"漳州木偶艺术学校"，校址毗邻漳州市木偶剧团。

综上所述，龙溪专区艺术学校木偶科之名经"福建艺术学校龙溪木偶班"等历次变动，最后改称为"漳州木偶艺术学校"，隶属于福建艺术专科学校（现福建职业艺术学院）。为区别于漳州艺术学校等单位，当地业内多以"省艺校木偶班""艺校木偶班"称之，本书也沿用这一惯称。

---

① 福建艺术学校前身为福建艺术专科学校，1960 年升格为福建艺术学院。1962 年定为福建艺术学校，1964 年曾一度改名为福建戏曲学校，1966 年改名为福建工农兵艺术学校，"文革"中被迫停办，1974 年福建艺术学校恢复招生，1978 年起开始增招大专班学生。1994 年 2 月、2000 年 2 月先后两次被文化部、福建省人民政府授予省部级重点中专称号。2001 年 7 月，在福建艺术学校的基础上，筹建福建艺术高等职业学院。

　　学校针对漳州布袋木偶戏的艺术特点，设置木偶表演、木偶制作、木偶器乐等专业，每年经福建省教育厅批准下达指标，面向全省招收小学、初中毕业（十二岁至十五岁左右）的学生，学制分别为六、五、三学年，毕业后颁发国家承认的福建艺术职业学院学历证书，享有与普通大、中专院校毕业生同等的待遇。

　　值得一提的是，漳州木偶艺术学校作为全国唯一一所专门培养布袋木偶戏表演、木偶雕刻人才的职业院校，有一定的年龄和手指条件要求。漳州布袋木偶戏专业的考生，必须是小学毕业的适龄儿童，经过文化考试、专业面试、视唱练耳和手指条件考核后择优录取。在校期间，木偶戏专业的学生们一边学习文化课，一边实践舞台演出、木偶雕刻。每个学生不是专攻一个科目，而是必须全面学习，达到木偶表演、偶头雕刻、道具制作、打击乐、唱腔、台词、形体科目的基本要求。在此基础上，再按木偶表演或者木偶雕刻专业分类，在具体科目的学习深度上进一步加强。其中木偶班有普修的扯指练习、手指功、旋指、旋腕、转臂、伸掌、抖动、推动、击指等基本功训练，而木偶表演专业的学生还额外要求熟练掌握刀枪对打、木偶形体、人物步态、生活程式动作及布袋木偶戏行内称为"直通""弯通""三节通"等辅助工具的运用，学会独立演出传统剧目中《大名府》的杂耍、《抢亲》的短打、《战潼关》的长靠对打、《雷万春打虎》的虎戏等各行当的塑造与表演。可以说，漳州布袋木偶戏的所有职业剧团，不论是市属剧团还是民间剧团，都少不了这些艺校毕业生们的身影。

　　从龙溪专区艺术学校木偶科设立，纳入国家计划招生至今半个多世纪，漳州布袋木偶戏专业一共培养

历届艺校毕业生同场演出（2015年，高舒摄）

了布袋木偶戏毕业生 7 批，共计 103 人。其中表演专业 55 人，器乐 16 人，木偶制作 32 人。漳州布袋木偶戏专业培养的学员，有的留守福建各地，有的奔赴京沪豫黑，有的定居欧、美、日等国，大多数人走入了国家或民间职业木偶剧团，或从事与本专业相关的教学和辅助管理工作，成为接续漳州布袋木偶戏技艺的中坚力量，漳州也因此被美誉为"木偶艺术摇篮"。其中，毕业生庄陈华、朱亚来、许丽娜、郑如锷、陈炎森、黄浦、郑豆粒、蔡水莲、蔡柏惠等人从业后在市、省、国家、国际的比赛中屡屡获奖，另有毕业生如许桑叶等重返母校，从事教职，有力地充实了艺校木偶学科的师资力量，完善了漳州布袋木偶戏的教学体系，继续为漳州市木偶剧团培养演员。而从 2009 年起，上海戏剧学院的漳州木偶班也开始间隔按需招生，在"211"大学里，在国内一流的戏剧院校里培养布袋木偶戏专业的本科生。

在系统地开展漳州市布袋木偶学科教育的同时，该戏的校园业余社团活动也开始得很早。20 世纪 50 年代，木偶表演大师杨胜就帮助漳州市巷口中心小学成立了"红领巾木偶剧团"①，漳州市木偶剧团、漳州木偶艺术学校成立后，又协助多所中小学创办了如"春蕾木偶剧团""木偶戏兴趣小组"等。虽然这种利用课余时间演练木偶戏的活动曾随着"文革"中各校教学活动的中断而暂停，但是 1985

漳州市木偶剧团在云霄县元光小学教学演出（2014 年，姚文坚摄）

---

① 在漳州市区中小学校园的业余木偶表演活动中，尤以漳州市巷口中心小学最为红火。除了"文革"的特殊时期，这个由学生们自愿组成和参加的布袋木偶戏表演社团已经开展活动近六十年了，而且随着老团员一年一年毕业，新团员加入，从未间断过，培养了无数"北派"布袋木偶戏传人。

年，杨胜之子杨烽再次帮助漳州市巷口中心小学恢复组建了"红领巾木偶剧团"，并亲自辅导木偶兴趣小组的学生。随后，由原漳州市第一实验小学、第二实验小学、

漳州市木偶剧团在长泰县小学教学演出（2015年，姚文坚摄）

第四中学、华侨中学和地区、市幼儿园六个演出队组成的"漳州市儿童木偶艺术团"正式成立。而现在漳州市木偶剧团的岳建辉、洪惠君带领着青年一辈开展的布袋木偶社团校园共建活动，既延伸进入中小学、幼儿园的第二课堂，又走入闽南师范大学等许多福建省内高校甚至国外大学。各式木偶学会、木偶社团和兴趣小组的建立，使得一届又一届的漳州布袋木偶戏传承人和潜在观众在各个校园里成长。

由原先的个别传授开始向开办艺术学科、面向社会大众集体施教的格局发展，这一切为漳州布袋木偶戏职业和非职业传承人的教学、培养和培训开辟了多样化的道路。社会各界及国内外同行也对漳州布袋木偶戏提供的各种新传承方式给予了积极的响应。因此，漳州布袋木偶戏的光彩，不仅闪耀在艺校木偶班培养的数届毕业生身上，还在于它一直无私地为国内外和各地民间木偶剧团和600多位木偶艺术工作者组织提供的艺术技能辅导和培训。作为中国布袋木偶学科系统教学的基地，漳州布袋木偶戏的系统学科教育早已走上正轨，正在迈向规范。

外国同行学习漳州布袋木偶戏表演

（一）漳州木偶艺术学校与吴光亮

简介

吴光亮（1952.12—　　）

吴光亮

男，汉族，福建漳州人。福春派第六代传承人。师从漳州布袋木偶戏大师杨胜之子杨烽。国家一级演员，2011 年被认定为漳州市市级非物质文化遗产项目木偶戏（漳州布袋木偶戏）第三批代表性传承人。中国戏剧家协会会员、中国木偶皮影艺术学会常务理事。1970 年，进入龙溪地区木偶剧团（现漳州市木偶剧团），1986 年，正式调入漳州木偶艺术学校，从事管理兼导演、教学、表演等工作，至退休。曾任漳州市木偶剧团党支部书记、艺术总监，漳州木偶艺术学校校长兼书记。任职期间，多次应邀辅导国内外木偶表演培训班，带队出访澳大利亚、美国、加拿大、日本、德国、捷克、中国香港、中国澳门等国家和地区参加国际木偶节赛事等。

1986 年，演出木偶电影《姜子牙》，获文化部电影美术优秀奖；1994 年，在德国辛涅古拉木偶节上获国际表演特别优秀奖；2002 年，演出《脸谱与木偶》，获福建省文化厅授予的"表演艺术家"称号；2004 年，《大名府》《两个猎人》获捷克布拉格国际木偶比赛最佳表演奖；2006、2008 年，任木偶电视剧《西游新记——孙大圣环保行》木偶表演执行导演及主演；2010 年，编导《虞姬别》获金狮奖第三届全国皮影木偶中青年技艺大赛"传承与发展贡献奖""最佳表演奖（金奖）""指导老师奖""偶型设计奖"。

采访手记

采访时间：2015 年 12 月 8 日
采访地点：漳州市钟发路吴光亮家
受访者：吴光亮
采访者：高舒

从 1986 年调入福建艺术学校漳州木偶班当助教开始，到 2012 年退休，吴光亮是在艺校正式任职时间最长的一位。虽然现在已经退休，但就像他说的，不论去到哪个地方、哪个国家，他首先关心的，就是当地的木偶。

木偶剧团里的资深演员们多是他的师兄弟，青年演员多是他在艺校任职期间招入的学生。他是杨胜之子杨烽的门生，他进一步实现了杨烽任艺校校长时的木偶教学规划。从一个学生的角度，能够延续老师的设想，并把它变成现实，甚至一度带着漳州布袋木偶班的教学大纲参加文化部组织的全国艺术学科教学大纲评审会并获通过，算是对自己老师的一种回馈和报答。

艺校和剧团是唇齿相依的兄弟。曾经的艺校近乎是为了

笔者探访漳州木偶艺术学校（2007 年摄）

笔者采访吴光亮（2015 年，姚文坚摄）

273

给剧团提供最为专业的后备人才而专设，早先所有学员也都如期被分配安排至剧团。不过现在剧团的人员基本饱和，如今的艺校毕业生们已经不能单纯地等待剧团来解决所有人的工作了。

对此，吴光亮说得很有道理，漳州布袋木偶戏的教学和传承步入正轨是好事，在市属木偶剧团编制已满的情况下，艺校毕业生们的就业面应该逐渐地转向更广阔的领域，而不局限于一个剧团，"现在的艺校的招生，可能更需要找到和证明自己存在的价值"。

曾经的困难关口，漳州布袋木偶戏一直都处理得很好，这一关，我也相信并支持它的选择。

吴光亮口述史

高舒采写、整理

我自 1970 年开始涉事木偶戏的行业，在这个领域工作已经 43 年了，一直没有离开。我对木偶的这一块还是蛮关心的，因为从事这个专业太久了，有感情，人虽然退休在家里了，但我还经常参加这类活动。国外也会邀请我出去表演，排一些比较幽默的、有趣的、迎合国外口味的哑剧。我的学生也很出色，看到自己教出来的弟子有所作为，我也很高兴，经常与他们联系。只要有相关木偶的信息、资料，学生们会赶紧告诉我、传给我。只要有木偶界的照片、文字、视频、资料，我也都会收集传给他们。

现在漳州布袋木偶戏的生存境况弱于国外，这种传统艺术如果没有观众、没有市场，你要怎么生存？国外的木偶技艺不是很高，但是观众很喜欢。原因呢？应该说国外的木偶表演比较创新，像《战马》，最近几年就很火，但它其实只是一种形式，技艺也不是很高。而漳州布袋木偶戏是传统技艺很高，但是比较闭塞，发展不够，还没有落到跟国外接轨的结合点上。结合点很重要。另外，相比之下，同行的泉州和晋江政府很重视当地的木偶戏，财政支持力度很大，有上亿元的投入啊。泉州新建的提线木偶专业剧场尽管在郊区，但也很不错。关键是对于文化支持的管理思路不一样。

入行经历

我的身份证出生日期是 1952 年 12 月，实际上真正的出生日期是当年中秋节。所以我的父母给我取名叫光亮。我从小学一年级开始学跳舞、唱童声独唱。1970 年读初三的时候，漳州"龙溪地区毛泽东思想文艺宣传队"招收人员，在报名考试的 800 多个考生中录取了 10 个左右，我被舞蹈小分队录取。当时文宣队地点就在现在的澎湖路市木偶剧团。文宣队里面有京剧团、芗剧团、木偶剧团和舞蹈小分队共四个单位。有次跳舞的时候，正好木偶剧团的领导金能调看到了我，说这个学生手指这么长，表演木偶戏条件好。结果同一年，我就转到了木偶剧团。

1970年，我进木偶剧团的时候，杨胜、郑福来已经不在了，陈南田

吴光亮参加澳大利亚国际木偶节时表演《大名府》中的耍盘（1979年摄）

吴光亮在美国温哥华拜访"哭笑"木偶剧院院长（左）、艺术总监（右）（1999年摄）

还在，但去了罐头厂。杨烽老师家在府埕，正好跟我家是邻居，原本就有点熟悉，因此也不需要拜师仪式，他就开始每天教我。当时剧团经常外出表演《智取威虎山》等"革命样板戏"，杨烽演杨子荣，因为是主角，戏比较多，他从头到尾演一场下来也很累，所以杨老师一边教我演传统的东西，一边教我演杨子荣B角，遇到动作比较少的时候就让我上场。尽管我跟别的老师也学，但应该说从头到尾跟杨烽老师学的最多。我是他的第一个徒弟，我非常崇拜他。我走过世界许多地方，这两年我还每年都出国，所见所闻告诉我，目前布袋木偶戏的圈子里还真没有人能够超过他的水平。他的布袋木偶表演不论在当年还是现在，应该说都是全世界最好的。

"文革"结束后，全国第一批出国演出的，当时福建省只有我们这个木偶剧团。1978年，我开始参与艺

校教学工作，但是就个人的工作关系而言，1970 年到 1986 年我都还在木偶剧团，实际上拍戏最能锻炼人。可以说历史上木偶剧团最辉煌的状态是 20 世纪 80 年代那个时候，金能调为书记，主要抓人事和行政。杨烽是艺校主任（当时职务不称校长）兼木偶剧团副团长，但负责木偶剧团的业务管理。记得那几年，节目很多，质量很高，人员很齐，大家很专心很敬业，而且对外交流很多，市场也打得很开。当时泉州晋江的木偶剧团到我们这儿，毫无疑问，从技术到管理，都认我们剧团是领头大哥。现在其他地方政府财政投入大，宣传力度又好。广州木偶剧团也比我们拓展了很多，他们以杖头木偶为主，也有布袋木偶，还有提线木偶等，人家的思路就打得很宽。反过来说，我们自身虽然发展不错，但比起辉煌的时候还是不够努力。

接掌艺校

艺校于 1977 年恢复办学，木偶班恢复招生（笔者按：一说 1980 年 5 月正式恢复办学，这一时期为剧团学员班过渡时期），当时就在市区向阳剧场办公教学。我们木偶学校是福建艺术学校在漳州市里的一个分班，1977 年这第一届只有两个老师，杨烽、石达洲，后者非本专业老师。1978 年，由于木偶剧团安排杨烽他们出国演出排练，没办法到艺校教学，就请陈南田回来任教。因为陈南田年纪大了，课讲一半要做示范，有时就喘得厉害，而我那时已经学会了演出，就让我到艺校当陈南田的助手。

1986 年我才正式调到艺校。当时艺校的负责人也不叫校长，称木偶班主任、副主任，杨烽是木偶班主任兼漳州市木偶剧团副团长。当年招收了十二个学生，学制六年。

我从正式调入艺校，就逐步跟着杨烽学习导演。我觉得布袋木偶戏应该多拍一些神话的、打斗的戏，因为人戏演不来这方面的表演，布袋戏却特别适合。神话的可以上天入地下海，演起来得心应手，而且有生命力。所以，木偶戏的导演应该注意什么呢？首先应该熟悉布袋木偶的各方面表演特长。因此，即使是外面请来的人戏、话剧等导演，也需要木偶剧团的演

吴光亮在漳州拍摄大型现代神话剧《西游新记——
孙大圣环保行》（2009年摄）

大型现代神话剧《西游新记——孙大圣环保行》
剧照（2009年摄）

员跟他配合，不然他也导演不了。因为木偶表演毕竟是以动作、情节为主，不是以语言为主。而要看以语言为主的故事，你可以去看话剧。

1989年，杨烽去了玻利维亚，后来在国外定居了。杨烽离开团的时候我们都不知道，他只是把印章交给我，说要去四川出差，给人家上课。他离开木偶剧团和学校两三个月后，给我写了封信，交代说，要把单位的事情做好，他在玻利维亚，还没能这么快回来。艺校的学生还没毕业，你们要负起这个责任。学生还有两三年才能毕业，如果没人管的话，以后毕业后工作都会成为问题。本来那段时期，艺校除了杨烽，还有我、洪惠君、郑如锷，另外还有音乐、语文老师，虽然蔡柏惠、朱亚来回了剧团，但师资力量还是很强。

直到这件事情发生之前，我主要是当助教，实际上不管是行政、导演、表演还是教学，我都是当杨烽的助手。那个时候学校只有两三间破破烂烂的教室，现在的教学楼是在原址重建的。自此，艺校档案就由我管，剧团的档案也有很长一段时间在我手头上。

杨烽走了以后，学校八年一直没有正主任，我是副主任，由我主持工作。一直到1997年，市文化局任命艺校为科级事业单位，任命我为木偶剧团书记、艺校木偶班主任兼书记，一下子任命三个职务，其中木偶班的主任和书记这职务，我连任了 15 年，如果从艺校主持工作算起，连任了 24 年，直到退休。我退休的时候，艺校想把我留下来继续任教，但我觉得我的学生都在艺校，我还是走开他们才比较好发挥，所以就坚决离开了。

新老教纲

艺校的木偶教学最早是从杨胜开始的，对于课程的设置杨烽已经有一整套教学大纲。杨烽的手稿，第一年教什么第二年教什么，以后各年级的课程设置，至今还都在我身边保存着，字迹写得很潦草，文意简洁，但应该说，当时课程设置比较科学，实际上这也就是我后来起草、报送艺术类木偶表演、木偶雕刻两个专业教学大纲的雏形。

1995 年，全国要设置艺术类专业的教学大纲，组织了一个文化部教育司参加的论证会。①当时福建省的其他专业都排不上队，唯独杂技、木偶在全国赫赫有名。福建艺术学校的校长绍钟世（现在在北京，小提琴专家）就指定我代表福建省的木偶界去论证。论证需要先拟就艺术类木偶表演、木偶雕刻两个专业的教学大纲以及课程设置规范，经报送省艺校及文化厅，获审核通过，才准予参会论证。

在洛阳论证会上，讨论、争论、争议、答辩非常激烈，上海戏剧学院也有木偶科的人参加，但是当时全国木偶专业参加集体论证的教学大纲，

---

① 经笔者查实，此论证会为当年文化部教育司主办，安徽省艺术学校、河南省文化厅、洛阳文化艺术学校承办的"全国中等艺术学校部分专业指导性教学计划论证暨研讨会"。该会议是文化部教育司职能转变后，为提高中等艺术学校教育教学质量而召开的，当时的教育司会议总结视之为中国中等艺术教育史上规模最大的一次全国性中等艺术学校专业指导性教学计划论证会。针对全国 121 所中等艺术学校的办学层次差异较大并亟待转变的现状，教育司对全国中等艺术学校普遍进行了细致调研，在广泛征求意见的基础上，分别委托上海音乐学院附中、中国美术学院附中、北京舞蹈学院附中、安徽省艺术学校、吉林省戏曲学校、中国戏曲学院附中、福建艺术学校七所中等艺术学校起草了音乐、美术、舞蹈、群众文化、艺术师范、戏曲、戏剧、木偶、杂技九类专业的指导性教学计划征求意见稿，并于 1995 年 4 月、5 月两次组织召开了上述九类专业指导性教学计划的论证暨研讨会。会议分别由安徽省艺术学校、河南省文化厅、洛阳文化艺术学校承办。来自全国各级各类省、市、自治区 50 多所艺术学校的近 90 名富有教学经验的代表参加了会议。时任文化部教育司副司长的蔺永钧参加了两次会议，代表教育司作了指导性报告。

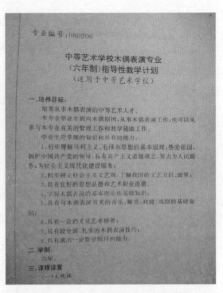

《中等艺术学校部分专业指导性教学计划（试行）》

《中等艺术学校部分专业指导性教学计划（试行）》收录的《中等艺术学校木偶表演专业（六年制）指导性教学计划》

只有我们漳州的这两份。会上，漳州木偶表演、木偶雕刻两个专业的课程设置教学大纲比较顺利地获得了通过。会后，文化部教育司制定并刊印了一本教学大纲（笔者注：即《中等艺术学校部分专业指导性教学计划（试行）》），要求全国各地参照执行，里面就有根据我们漳州布袋木偶表演、木偶雕刻课程设置的教学大纲内容。应该说这本书走在了全国的前列，举足轻重，实际上这也就是我们艺校一直在实行的教学大纲。

按照那个大纲来进行教学的同时，因为每一届每一班招收的学生素质不一致，所以对大纲的实施还要进行切实可行的调整。我后来又对课程的设置有过一些充实，比如说要突出不同学习阶段的各个学期的重点。特别是由于招收的部分学员系子承父业，有的学员入学的时候，素质已经不错，那么就应该把下学期的课程逐步地调整挪前。

艺校现在是六年制。这六年间，头三年文化课和专业课的比重是六四开，以文化课为重；后三年文化课和专业课比重是二八开，以专业课为重，并且开展专业实习实践。但实际上木偶的基本功，一般三年就可以掌握基本的技艺，后面的是以实践为主，真正最关键的是起初的两三年。在实际教学的过程中，基础课的几年，偶雕、表演专业学生上的课程是一样的，文化课、木偶雕刻课、木偶表演课、素描美术课、音乐课大家都要普修，近几年的学生还学形体舞蹈课。最后一两年，如果是表演专业的，那主要就是实践。

如果要单独说音乐课的话，艺校对音乐课应该说也是蛮重视的。音乐课，前三年每年都有，都必修上面讲的四门普修课，每周都各有四节课。在艺校的音乐课里，除了乐理课，唱腔课请过原漳州市芗剧团的张丹（国家二级演员，现在在厦门艺术学校教歌仔戏的唱腔）任教，乐器课的拉弦乐器由剧团的郑跃西教，锣鼓先后由剧团的许福山、许毅军教。拉弦和锣鼓分开教，教完后才进行合成。关键是毕业以后去实地演出，要有机会让他们开口唱。目前这种表演形式比较少，所以也就比较弱，因为学生们毕业了，不见得会持续练习。

吴光亮在漳州木偶艺术学校教学（2011年摄）

艺校是教学为主，表演比较少。但是艺校除了日常的授课，还参加国际上的一些艺术交流。比如美术、表演、雕刻的这些老师，都有送到国外去参加活动。学生也参加一些全国性、全省性的实践表演，还参加过比赛。木偶剧《赖宁》是我导演的，得过国家文化部表演一等奖，也参加国际上的木偶戏比赛，得过最佳表演奖。学校在长沙参加比赛，演出《虞姬别》，也获得了金奖。2012年，我们学校还得过联合国教科文组织木偶联会中国中心

吴光亮带领漳州木偶艺术学校学生在湖北参加第五届中国民间艺术节并荣获银奖（2006年摄）

和中国木偶皮影艺术学会颁发的"传承与发展贡献奖",能够获得这个奖项,实在很不容易!

艺校也有困惑时

不论是 1958 年艺校木偶科初设,还是 1977 年艺校木偶班复办,办学的宗旨都是很明确的。漳州是全国最为专业的布袋木偶戏的发源地,艺校要为漳州市木偶剧团培养最为专业的布袋木偶戏表演和雕刻的后备人才。艺校的招生数量有限,而当时漳州市木偶剧团的需要不少,所以艺校毕业的所有学员都被分配至剧团。我在校时,虽说个人关系是在学校,但与木偶剧团联系很紧密,每年都因工作和木偶剧团到国外。时至今日,艺校和剧团也还一直挨在一起教学办公。

艺校发展到现在,布袋木偶戏的教学和传承基本上轨,只是现在剧团的人员已基本饱和。在市属剧团编制已满的情况下,现在的艺校毕业生们已经不能单纯地等待剧团解决所有人的工作。艺校毕业生们的就业面已经发生改变,逐渐地不局限于一个剧团,转向了更广阔的社会空间。这么一来,木偶艺校在社会上招生的吸引力必定逐年减弱。

事实上,布袋木偶戏的传承依然非常需要艺校木偶班,因为它是当前最为专业的、能够系统提供储备人才的学校。但是它不定期招生,招生后不负责分配工作,而且就业面狭窄。漳州市木偶剧团在演职人员青黄不接的时候,需要艺校办班,源源不断地提供后继人才,但在满编的情况下,它也没办法接收毕业生。同时,学生在艺校学的只是一个基础,可是学生一毕业,你就要求他达到一个什么样的水平,这也是不可能、不客观的。他真正的技艺是在剧团的演练中得到的,要剧团的老师再培养一段时间,他才能够成为一个真正的演员,木偶雕刻也是一样的道理。所以,如果毕业之后没能进入剧团,学生学的功夫也就停在半桶水的状态。

所以现在的艺校木偶班陷入了一种尴尬处境。木偶班必须办下去,不过它的招生不再是为了木偶剧团,而只是为了学校的生存。财政全额拨款只是负责学校固定编制内的教职员工工资,包括绩效考核,另外只给少量的办公费用。学校除了师资、教学质量、人事管理，也外聘教师，但这都要学校自己出钱。所以从经济核算来说，艺校这肯定是要亏损的。但是如果没有生源，如果没有办班，那学校就要下马撤销。

吴光亮编演的《脸谱与木偶》获得捷克布拉格国际木偶节最佳动画奖（2006年摄）

我退休以后艺校还招过两届，每届都只有十几个人。为了吸引学生，原来一年好几千元的学费，现在要改成免费的了。可是，如果毕业意味着失业，那就会恶性循环，招生更难，接下来更没人要读这个专业。现在毕业的学生在木偶剧团几年以后也有待不住的，随着社会的发展，专心做这个行业的人很少，现实中也是。毕业后转行的学生，经济上反而都发展得比较好。

关于解决的办法，我觉得确实很困难。随着社会的发展，父母都要求孩子能够念高中，不想念中专，甚至大专都不想。孩子念高中，就意味着他有可能念本科，因为社会上的大学本科文凭，现在已经很普及了，谁还想读这样的职业学校？所以现在生源比较成问题。

我常想，现在艺校的招生，可能更需要的是找到和证明自己存在的价值。在剧团青黄不接需要人才的时候，艺校对剧团来说，当然很重要。现在剧团里的庄寿民以及之后年龄段的演员，基本上都是艺校早年培养出来的，但是现在传统布袋木偶戏的演出市场毕竟就那么大。艺校的毕业生都外出谋生了，他们的表演功夫可能不如团里，但还是争取自己去演出、去拍电视，反而好像抢了剧团的饭碗，形成了业务上的竞争，这对剧团肯定有压力。当然，都不容易，我也希望剧团能发展好，竞争本身就是一条出路。

（二）业余社团

简介

漳州市实验小学红领巾木偶小剧团

红领巾木偶小剧团作为漳州市实验小学的学生社团，成立于 2010 年。由漳州市实验小学与漳州市木偶剧团签订《结对共建协议书》，由剧团提供师资，校方组织生源，联合创办。社团教室安排在该校主校区。主要面向本校三年级以上的学生，每周安排两次课，分别是周二和周四下午第三节课，每节课 40 分钟。现已排演过传统儿童剧《拔萝卜》、新编儿童剧《五鼠戏猫》等。

指导教师为林莉莎（校方），洪惠君、姚文坚（剧团）等。

笔者与漳州市实验小学红领巾木偶小剧团师生合影（2015 年，姚文坚摄）

闽南师范大学①木偶学会

木偶学会作为闽南师范大学的学生社团，成立于 2005 年。由闽南师范大学团委牵头创办，由漳州市木偶剧团协助提供师资。木偶学会主要面向全校本科、研究生，每个周末在固定时段培训两小时。校方在闽南师范大学达理活动中心四楼为学会配备了独立的办公室，供学员日常训练和课余自习。作为全国高校唯一的木偶学会，校方为学会成员提供布袋木偶、小道具以及对外交流机会。首任学会会长朱百里②，现任会长吴荣光。现已排演过传统剧《人偶同台》《掩耳盗铃》《大名府》等。

指导教师为朱百里（校方），洪惠君、庄寿民（剧团）等。

闽南师范大学木偶学会师生合影（2011 年摄）

---

① 该校时称漳州师范学院，于 2013 年经教育部批准，改名为闽南师范大学。
② 原漳州师范学院团委书记，后调离该校。

采访手记

采访时间：2008 年 2 月 21 日，2015 年 12 月 10 日、12 月 17 日
采访地点：漳州市实验小学旧校区教学楼、闽南师范大学学生活动中心
受访者：漳州市实验小学红领巾木偶小剧团林丽莎老师及学生
　　　　闽南师范大学原团委书记朱百里、木偶学会会长吴荣光
采访者：高舒

　　孩子们会把头脑里想象的一切，把对木偶世界的种种向往，把对木偶戏剧的每个细节和感受，用近乎真实的体验表达出来。所以，校园里的木偶团体，总能打破课堂秩序，释放天性，让严肃的师生关系进入一种自然的松弛状态。

　　从 2010 年起，漳州市实验小学的社团里就多了这样一个团体——红领巾木偶小剧团。在本区最好的重点小学里开设布袋木偶表演课，是漳州市木偶剧团与该校共建的目的之一。管乐队、足球队、舞蹈队、合唱队，其他的社团似乎都很容易吸引学生们的注意力，但是各校重复率实在太高。而现在红领巾木偶小剧团所有的二十多个学生都是因为看过布袋木偶戏，深深为戏着迷，才被吸引入团的。当然喜欢布袋木偶戏的孩子太多，所以手的尺寸大、柔软性好，课程不那么紧张的孩子们，会被鼓励报名加入"红领巾木偶小剧团"。现在，漳州

笔者采访漳州市实验小学红领巾木偶小剧团（2015 年，姚文坚摄）

布袋木偶戏这种地方传统文化社团成了漳州市实验小学的特色，而这种特色在漳州的小学之间相继出现、相互影响。

对闽南师范大学的大学生来说，木偶学会是一个在 2005 年新出现的社团。最初，在校团委书记、后来

笔者采访闽南师范大学木偶学会会长吴荣光（2015 年，姚文坚摄）

的木偶学会会长朱百里的牵头下，这个社团成为全国大学里唯一的布袋木偶戏社团，并代表大学生群体参加了省、市等的多场正式演出。对现在的木偶学会成员们来说，成年了才开始掰指头、学布袋木偶戏基本功，确实有点难。但是大学社团里的布袋木偶戏，其实更是年轻人自己的戏，大家比孩提时更懂得享受参与其中的乐趣。这群大龄木偶新手的表演出现在所有的校内活动中，甚至出现在福建省的全省大学生运动会上。他们把布袋木偶戏当作大学所学专业之外的兴趣释放，当作对闽南传统文化的实践良机，甚至还光荣地把布袋木偶戏列入了他们勤工俭学的家教课目。

漳州市实验小学、闽南师范大学社团师生口述史

高舒采写、整理

漳州市实验小学红领巾木偶小剧团（林莉莎、蔡小南）

我们学校两个校区有近 3 000 个学生，红领巾木偶小剧团是 2010 年成立的。那年，我们漳州市实验小学与漳州市木偶剧团签订了《结对共建协议书》，由木偶剧团提供师资，帮助我们在学校里把这个漳州布袋木偶戏的学生社团联合创办了起来。根据我们与木偶剧团的协议，剧团都是无偿的，我们不用交费用给剧团，学校要添置的木偶舞台等，剧团也只收我们成本费，非常支持我们学校，也真的很热心地在保护、传承我们的非物质文化遗产。

创办历史

说起来是一次机缘巧合，我认识了漳州市木偶剧团的艺术总监洪惠君，他主动倡议，能不能来个布袋木偶戏进校园？这就启发了我们。弘扬闽南优秀传统文化，孩子们也有兴趣啊，而且我们学校不是正在创建各类社团吗，于是一拍即合。

漳州市木偶剧团到漳州市实验小学演出（2013年摄）

从 2010 年到现在，漳州市木偶剧团对我们社团基本上可以说是全方位的支持，每次都派老师过来教学，有时洪惠君老师还亲自过来给我们授课。因为他们的表演技术非常专业，木偶只要一到他们手里，再加上台词、音乐，就活起来了，真的非常吸引孩子们，非常棒！

2010 年建团以后，我们第一届红领巾木偶小剧团在 2011 年就排了传统戏《拔萝卜》，2012 年演出。这个戏比较简单，也比较短，只有六七分钟。那也是我们第一次"试水"，因为那个剧目比较传统，还来不及创新，分数被打得比较低，只在市里举办的校际文艺展演得了三等奖。后来洪惠君老师特意为我们编排了一些创新剧目，比如《五鼠戏猫》，呵呵，有人戏称为中国版的《汤姆和杰里》。因为我们学生的水平处于刚练完基本功的阶段，只能从小戏开始演，所以我们拍的都是十几分钟以内的小戏，全班同学参加拍戏的有八个人左右，已经成熟的就是《拔萝卜》《五鼠戏猫》这两个剧目。

因为布袋木偶戏是我们漳州特有的嘛，小朋友也都很喜欢。2012 年或者 2013 年的时候，我们邀请市木偶剧团来我们学校演出，开展闽南文化进校园活动。记得那一天孩子们好兴奋，没有办法，只好把舞台摆在操场，可是整个操场都爆满了，坐的地方椅子都摆不下。那时他们演的是传统的《大名府》的一个片段，虽然白天演出没有灯光，但整个效果非常的好。学生反应非常强烈，小朋友都非常热情，看演出时都高兴得大叫，收到了非常好的效果。

招生排演

因为学校本身是不断地送走老生、迎来新生的，所以我们学校规定校内社团一般从三年级以上的学生中招收。但是也遵循木偶学习、练习基本功的特殊性，因为年龄小的儿童手指柔软度比较高，掌握技术比较快。一年级的同学年龄太小了，话都说不清楚，背不了台词，而五年级以后的同学因为升学的课业原因，刚学好基本功，排练完节目，剧目还没上，他们就要毕业离校了，所以也不适合。往年一般从三年级的学生中招收，今年我们试着开始从二年级的学生中招收。

现在这个社团有 20 来个同学，基本都是 2010 年 9 月份开学后新吸纳加入的本校同学。即以学生本人和家长的自愿为原则报名，进出自由，一般选择招收二到四年级的学生。平时练基本功都是大家一起的，大家的水平都差不多。学木偶戏是比较辛苦的，有的学员也练得不错，但有的家长因为各种原因不让孩子继续练下去，我们也都同意他退团。我们招收学员的时候也会筛选，比如体质、灵活性、手指的柔韧性等，再看看手指的长短，这毕竟是先天的条件。手指太短对操弄布袋木偶会有局限，你就不好让他来。

我们学校现在有许多社团，红领巾木偶小剧团只是其中的一个。现在学校正常的课程也是蛮多的，但周二和周四下午第三节都是社团活动，冬季是下午4：35到5：15，若是夏季下午就推迟半小时，每节课只有40分钟。我们团每周排两节课，每节课40分钟，分别排在周二和周四下午第三节课。学习木偶戏跟其他的比较不一样，40分钟时间有点不够，手指头刚练热乎，时间就到了，所以要排演时就没法练基本功。

第一次开课，我们都会请漳州市木偶剧团派人到红领巾木偶小剧团，介绍漳州布袋木偶戏的特色，还有该非遗项目传承保护的意义，还可以从小动手用脑，激发调动自己的潜能，让团员们先有个概念，让孩子们认识到加入这个社团确实很有意义。另外我们有一些木偶道具，应该说，团员们都非常非常认真。

红领巾木偶小剧团日常排练（2010 年摄）

开课时首先练习掰手指的三种指法。这看似很简单，其实蛮辛苦的。作业少时，每天在家里还要练习。其次练基本功，拿木偶的基本功。比如食指竖立不动，中指以下三指无缝并拢弯曲等，只有练好了这些，我们才能进行下一步的排练和演出。孩子们要么一拿起木偶就想玩，感觉像玩具一样的兴奋；要么手一套进木偶就是头、身、手指各种的歪。因此，每次上课的时候都必须先练基本功，就好像万丈高楼打好地基一样。

小团员们也练台词，一句一句地念、一句一句地背，尤其是比赛前每天下午第三节课，都在这边背台词。孩子们都做得挺认真的。至于多长时间排出戏，这要看孩子的进度和演出比赛的需要。排完了以后我们首先参加本校里面的文艺会演，每年都有一次，实际上也是在锻炼自己。比如六一儿童节期间的文艺会演，各个社团就会上去PK，市里面也会经常组织校际文艺展演。

师生感受：

老师林莉莎

我是学校的音乐老师，还兼有学校少先队的工作，所以学校把社团活动加入我的新课程里面，带学生上课也计算工作量。布袋木偶戏、芗剧、锦歌弹唱等都是闽南传统文化的一种，都在全国得过大奖，而且布袋木偶戏还特别适合孩子们边学边玩。像这种社团的正常排练，孩子们的任课老师也都很支持。遇

红领巾木偶小剧团指导老师林莉莎（2015年，高舒摄）

到演出或比赛，这么多演员、孩子，还有几大袋的道具，学校都会抽调其他人员协助，木偶剧团也会派人过来帮助我们。

我自己还是学生的时候，也参加过"闽南文化进校园"的活动。最初，我本身也只是半桶水，就跟着在旁边练，久而久之，就边学边传，教给学生们。以前我们拍过一些戏，练过多年的那几届小学生们都毕业了。有意思的是，由于孩子感兴趣、家长支持等特殊原因，个别孩子从幼儿园

大班的时候就开始学了，我们学校还招收了木偶特长生呢。蔡小南同学就是其中之一，到现在已经小学五年级了。

学生蔡小南

幼儿园大班的时候在漳州电视台上看到了布袋木偶戏，觉得学木偶戏还挺有意思的，以后就想学。也没人强迫我学，是我觉得很有意思自己想学，爸妈也挺支持。当时一起学的孩子有七八个，也演过不少节目，如《一只老虎》等。教我的有木偶剧团的很多老师，但主要是刘老师、蔡老师、姚老师，还有我们实验小学的林老师。上木偶课后，如果作业比较少，回家以后也练一下，作业多就不怎么练。

蔡小南帮助同学们纠正基本功动作（2015年，高舒摄）

身边的同学学木偶戏的很少，我们班就我一个，同学们也都知道我是红领巾木偶小剧团的。我现在小学五年级了，还会继续学下去的，可能的话，初中高中我都会继续练下去，因为我是自己真心喜欢，而且也不影响我正常读书。我也有跟同学们推荐过学木偶戏，说是挺不错的，也有人参加了。班上也有别的同学学别的项目，我只要自己喜欢，自己喜欢的学好就好了。

这几年学下来，我觉得自己的收获挺多的，比如手的柔韧度很好，我去弹钢琴，老师也说我的手不像别人那么僵硬。学别样东西，只要用到手，老师们都说我悟性很好、反应很快。我知道这是比较传统的东西，所以我比较感兴趣。至于将来是不是会把它当业余爱好，我现在没想那么多，只想学，因为好玩。

闽南师范大学木偶学会（朱百里、吴荣光）

我们从 2005 年开始，在闽南师范大学的社团架构里面，创办了木偶学会。由于我们是大学生了，所以社团的日常活动这一块都交给我们学生自理，老师一般不参与。我们本科各年级，包括研究生都可以参加，就像交朋友一样，没有强制性的，并且每年都纳新。

学员手绘的木偶学会门牌（2015 年，高舒摄）

我们戏箱里的这些木偶都是漳州市木偶剧团雕刻的，学校专门提供给我们学会成员的。我们木偶学会的活动是每周一次，具体内容最开始是学劈指，打开手指；接着是一些基本的标准动作，比如说学演木偶走步。

木偶学会的演出木偶（2015 年，高舒摄）

我们表演过的剧目有《掩耳盗铃》《人偶同台》，另外《大名府》里面的一些木偶杂技，像顶盘子、耍棍子等也要掌握。《掩耳盗铃》在我入会之前就有了，算是个保留剧目。以前学长们就排过、演过，我们将继续演下去，在原来的基础上逐步加工提高。我们也拍了演出的视频，以前还参加了福建省电影节，在开幕式上演出了《人偶同台》，我们市木偶剧团的老师也一起去表演。此外，学校也安排社团之间增加一些交流，我们也跟别的剧社合作，排一些新的节目。

师生感受：

木偶学会首任会长朱百里

前些年，学校木偶学会刚成立。我经常为了木偶学会的排练、演出的事，联系漳州市木偶剧团，联系演员落实一周两次课的教学事宜。上学期，我们漳州师范学院（现更名为闽南师范大学）学生已排演了《大名府》。上次为准备赴福建省里的比赛，学生还都到木偶剧团里进行强化训练。

学员在漳州市木偶剧团学习后合影（2007 年摄）　　木偶学会与中国女排联欢演出（2008 年摄）

现在的折子戏都短，我们学会的同学们希望先着手准备，再排练出几出短剧，三四十分钟的节目，为一些校内演出做准备，也准备以此走进首都等地的高校，作为参加校际艺术交流活动的表演节目。

日本日中友好会馆访问木偶学会（2007 年摄）

现任会长吴荣光
人员现状

2005 年木偶学会刚成立的时候，我还没入校。但是听说，当时报名我们木偶学会的人数比较多，经过筛选吸收了 50 来人，后来维持在 30 多个人。我是 2013 年上大学时参加的，那个时候要求参加的同学很多。我们木偶学会可能有点像选修课一样，起先有新鲜感，人很多，但渐渐地来的人少了，有的临时有事、有活动就没来，有的甚至还翘课。这一点，现在我们感觉跟以前不一样了。

木偶学会学员练习（2007 年摄）

我们学校里坚持学习布袋木偶戏的人越来越少。今年新生入学时，我们的木偶学会纳新，新加入了 20 个同学，但他

木偶学会纳新（2014 年摄）

们参加了几次培训以后，就知难而退，很少来了。因为学木偶戏初期确实很枯燥，劈手什么的也比较难，光是基本功的练习就要坚持很长时间。基本功没练好，就到不了拿木偶来演剧目的阶段。所以同学们参加一两次就觉得太无聊了，坚持不下来，也就放弃了。

其实也正常，最初大家都会好奇而参加社团，真正学得久的，都是真正喜欢的。我之前的学姐在木偶学会的时候，她们那批也还有十来个人，现在我们这届大二、大三了，也就只剩下三四个同学。可是，由于木偶学会剩下的成员不多，就缺少人手从事宣传工作，接下来每一年的纳新就更不好发展新团员，没办法在学校里体现漳州布袋木偶戏的影响力，这是我们最担心的。如今只能我们会长、副会长再想办法，通过自己的渠道，多发动一些人来学，不过挺困难的。

师资难固定

2013年我入学的时候，因为有老师来教，那一年的活动就超级多。而正规的漳州市木偶剧团活动多、任务重，负责的老师只能不定时来教。我大二的时候，木偶剧团的老师因为有出国演出及排练、演出、比赛等很多任务来不了。我们基本的指头功还没学完，还有很多东西要学，学会工作比较难开展，活动自然也就少了。

现在最大的问题是没有固定的老师授课。其实也不能每次培训都要有老师带着，大部分时间还得自己练。先学的学姐也特别好，由她们带着同学们在练，现在我们就是老成员带新人，把以前老师教的内容，尽可能地教给下一届。毕竟我们的水平有限，学得不多也不精，时间也没那么长，一个人不可能把所有的角色都学了，况且自己的主业还是大学课程，所以大家练功也没有那么刻苦。

不过因为我们喜欢布袋木偶戏，在街上看到了民间木偶剧团，我们就请他们来教大家。民间还是有布袋木偶戏的剧团在夜市表演，名字叫做什么忘了。他们都是老一辈师傅，没法到学校来教木偶戏，我们就去他们家那边学，之后他们又给我们推荐了在巷口中心小学教木偶戏的女老师。

木偶学会学员培训（2014年摄）

也算很有缘，我现在在家教的学生也在学木偶戏，所以布袋木偶戏还是一直陪伴着我们。

现在教我们的老师叫林荣天，整个家族都在从事木偶行业，我们跟他学了差不多一个月。学校对聘请的老师是有签订合约的，也给付一定的薪酬。他本来愿意带几个学生的，可是我们学生太多，所以就分成两批，一个星期各去一次，一批周四下午去，一批周六下午去。其实我们还想多学一点，因为对老师来说，每周抽出两个下午教我们，而对我们来说，每周等于只学了一次。现在老师教的还是基本功，没有教具体剧目。当然基本功和剧目是相通的，具体剧目也要用到这些基本功。遗憾的是，民间木偶剧团也是要谋生的，他们也要演出，自己也有剧团要照料，所以他们没办法到学校来教我们，我们现在是到老师家里去学。

我这有一段录像，是 2015 年 12 月 12 日在学校达理活动中心楼下的演出。我们木偶学会一共有 9 个演员参加演出，一个人不止演一个人物，并且还现场配音。木偶用的许多是《大名府》的木偶，还会转盘子呢！这倒不复杂，主要还在手指功夫不行，盘子掉了；还有走步也没到位，各种人物，特别是老爷的那个走路的姿态。但是也还有很多观众，看得出大家也都玩得挺开心，挺有意思的。以后新生入学社团纳新的时候，就把这演出录像拿去，为社团宣传，反正大学生主要是参与，效果应该不错。

木偶学会历届学员签名墙（2015 年摄）

附　录

漳州布袋木偶戏专业单位介绍

漳州市木偶剧团

漳州市木偶剧团是福建漳州最为专业的从事漳州布袋木偶戏创作表演的文化事业单位，也是至今为止全国唯一一个漳州布袋木偶戏职业剧团，首批国家非物质文化遗产名录项目——木偶戏（漳州布袋木偶戏）和漳州木偶头雕刻的保护单位，联合国教科文组织国际木偶联会中国中心"艺术交流实验基地"。其前身是 1959 年由漳州市"南江木偶剧团"（1951 年成立）和漳浦县"艺光木偶剧团"（1953 年成立）合并成立的"龙溪专区木偶剧团"。1968 年，龙溪专区更名为龙溪地区，剧团同步更名为龙溪地区木偶剧团。1985 年，龙溪地区"地改市"为漳州市，剧团遂更名为漳州市木偶剧团。建团 50 多年来，剧团不断探索、改革与创新，形成具有民族和地域特色的艺术风格。剧团与国内电影厂、电视台合作共拍摄 41 部（200 集）影视作品。先后 17 次进京献艺，多次为国家领导人及外国元首演出献艺，受到国家领导人的表扬和鼓励。剧团屡次在全国和国际比赛中荣获大奖。出访亚、欧、美、澳四大洲 40 多个国家和地区进行文化艺术交流演出，木偶戏被赞为"世界第一流艺术"，木偶头雕刻被赞为"东方艺术珍品"，受到国外观众、专家、学者和新闻媒体的高度评价。

漳州木偶艺术学校

漳州木偶艺术学校的前身为 1957 年国家批准创办的龙溪专区艺术学校木偶科，由福建省直接管理，布袋木偶戏知名艺人杨胜、郑福来、陈南田等授课。第一阶段招生三届，自 1958 年正式开班到 1961 年 9 月，共33 人。"文革"期间停办，后因文宣队工作需要，先行由原木偶剧团人员承办学员班。1974 年，福建艺术学校复办，1977 年陈南田恢复带徒，艺校恢复开办（一说陈南田带徒为木偶剧团学员班过渡时期，艺校于1980 年 5 月正式恢复办学）。1980 年 5 月，福建艺术学校龙溪木偶班正式开办，面向全省招收小学、初中毕业生，学制为六、五、三学年制，毕业后分别颁发福建艺术职业学院的大、中专文凭，是全国唯一一所专门培养布袋木偶戏表演、木偶雕刻的职业院校。1985 年，龙溪地区更名为漳州市，福建艺术学校龙溪木偶班又名"漳州木偶艺术学校"，隶属于福建艺术专科学校（现福建职业艺术学院），校址毗邻漳州市木偶剧团。业内多以"（福建）省艺校木偶班""艺校木偶班"称之。

图片索引

漳州布袋木偶戏传承人群体代表签名

一、记传统——大师云集 "北派"开立

（一）杨胜一脉

三、记表演——开合天地　指掌乾坤

（四）蔡柏惠

（五）青年演员群体

（一）徐家一脉

(二) 许家一脉

（三）青年雕刻师

（二）业余社团

漳州布袋木偶戏福春派传承谱系表

代别	姓名	性别	出生年份	文化程度	传承方式	籍贯
创始人	陈文浦	男	不详	不详	不详	不详
第一代	杨月司	男	不详	不详	师徒	不详
第一代	杨乌仙	男	1801年	不详	师徒	漳州市漳浦县佛昙镇
第二代	洪和尚	男	不详	不详	师徒	不详
第二代	杨红鲳	男	不详	不详	家传	漳州市漳浦县佛昙镇
第三代	郑福来	男	1899年	不详	师徒	漳州市龙海市颜厝镇
第三代	杨高金	男	不详	不详	家传	漳州市漳浦县佛昙镇
第三代	杨暹水	男	不详	不详	家传	漳州市漳浦县佛昙镇
第三代	陈仔泉	男	不详	不详	师徒	不详
第四代	杨 胜	男	1911年	不详	家传	漳州市漳浦县佛昙镇
第四代	陈南田	男	1911年	不详	师徒	台湾省台南市
第四代	郑国根	男	1928年	不详	家传	漳州市龙海市颜厝镇
第四代	郑国珍	男	1931年	不详	家传	漳州市龙海市颜厝镇
第五代	杨 烽	男	1951年	高小	家传	漳州市漳浦县佛昙镇
第五代	庄陈华	男	1944年	初中	师传	漳州市南靖县山城镇
第五代	陈锦堂	男	1942年	高中	家传	台湾省台南市
第五代	朱亚来	女	1944年	初中	师传	漳州市区
第五代	陈炎森	男	1946年	中专	师传	漳州市区
第五代	蔡柏惠	男	1948年	中专	师传	漳州市区
第五代	吴树松	男	1950年	高小	师传	漳州市区
第六代	吴光亮	男	1952年	大专	师传	漳州市区
第六代	洪惠君	男	1957年	大专	师传	漳州市区
第六代	庄寿民	男	1964年	中专	师传	漳州市区
第六代	陈丽玲	女	1967年	中专	师传	漳州市区
第七代	吴瑾亮	男	1972年	中专	师传	漳州市区
第七代	陈黎晖	男	1974年	中专	师传	漳州市区
第七代	姚文坚	男	1975年	中专	师传	漳州市区

（续上表）

代别	姓名	性别	出生年份	文化程度	传承方式	籍贯
第八代	王　艳	女	1984年	中专	师传	漳州市区
第八代	南　琳	女	1984年	中专	师传	河南省
第八代	李智杰	男	1985年	中专	师传	漳州市龙海市（县级市）
第八代	林爱宾	女	1982年	中专	师传	漳州市区
第八代	陈李煜	男	1983年	中专	师传	漳州市区
第八代	许昆煌	男	1983年	中专	师传	漳州市龙海市（县级市）
第八代	吕岳斌	男	1982年	中专	师传	台湾省
第八代	周郭隽	男	1984年	中专	师传	漳州市龙海市（县级市）
第八代	黄超群	女	1983年	中专	师传	漳州市区
第八代	梁志煌	男	1982年	大专	师传	漳州市区
第八代	朱静怡	女	1984年	大专	师传	漳州市区
第八代	张　钊	男	1984年	大专	师传	河北省磁县

　　注：①以上谱系代际排列，尊重漳州布袋木偶戏人的辈分认定，将陈文浦列为福春派创始人。

　　②传承方式中的"师徒"指传统入门拜师学艺，"师徒"指现代学校艺术教育。

漳州市木偶剧团近十年招录人员、年龄、学历名单
(2006—2015 年)

时间(年)	姓名	性别	出生年月	学历	专业
2007	梁志煌	男	1982.2	大专	木偶表演
	朱静怡	女	1984.10	大专	木偶表演
	张钊	男	1984.12	大专	木偶表演
2009	岳思毅	男	1986.1	本科	舞美设计
	蔡琰仕	男	1985.12	大专	电子商务
	林城盟	男	1981.9	中专	木偶雕刻
	黄雨沛	男	1989.10	中专	木偶表演
	何林华	女	1982.1	中专	木偶雕刻
	张小燕	女	1984.7	中专	木偶表演
2013	简绿诗	女	1989.12	本科	舞美设计
	梁美娜	女	1984.8	中专	木偶表演
2015	岳思林	男	1990.9	本科	木偶表演与造型
	柳倩倩	女	1994.12	中专	木偶表演
	郑珏	女	1996.7	中专	木偶表演
	许婕	女	1993.8	中专	木偶表演

代后记

田野笔记：感应庙社戏即景

顶着"秋老虎"的毒日头，十几号汉子攀高爬低，把一竿竿不锈钢台柱承拉装配成框架。每当要拉升台架和调整插口的时候，男人们个个积极应和，互相提醒，干脆麻利，齐心出力！这个部分是没有团里女人参加的，就连挂幕布这样的活儿，都是这群大男人众手包办。好一个闽南人的布袋木偶戏场！

这是漳州布袋木偶戏的老中青三代，师长的一辈从艺四五十年已退休，艺龄二三十年的中年一辈正在全面接手，新进的年青一辈也至少经过了六年的职业历练。这里是真正的三代同堂，父母、子女、兄弟、叔侄、甥孙，他们住在剧团的老厝长大，从小在木偶戏舞台上滚打，与剧团的老师傅和新生娃嬉闹，如今玩成了拳拳相握的兄弟。他们血溶于水，不拘长幼，在布袋戏的戏场里浸润成长。随便找一个小年轻聊天，他都会自然地顺口带出以前这师傅、那师傅的传奇。随便和一个长辈谈话，他会告诉你这娃儿、那娃儿小时候的趣事。有时候一恍惚，眼前会跳出那个面临拆迁的老剧团场子。那条紧挨着漳州最繁华的现代商业街的澎湖路，保留着闽南最传统、最落地的戏剧和人生，他们在那里摆弄着木偶，在布袋木偶戏里经历童年，在布袋木偶戏里成年，在布袋木偶戏里苦中生甜。

担心闽南十月的秋台风，全团男人们抢在午间最热的时候搭台。戏台搭罢，村民们已午休结束，抱着娃儿们出来。剧团的汉子们，热得一字排开，喘息，闲坐，面前是完工的戏台，又一组英气勃发的将帅合照。戏台上下，一位核心人物，通晓人心，便能不怒自威，把控全局。一种男人的情怀，强势地占领着台口，豪迈，大方！

骄阳退去，意味着开场已近。乐队师傅和调配字幕的女团员们款款而来。两碗庙社村民们煮出的姜丝鸭肉粥下肚，暖心暖胃。锣鼓师傅先就了位，这是热闹的开始。大鼓、板鼓、大锣、小锣、大广弦、壳子弦、月琴、二胡、大提琴悉数就位。"咚咚咚"鼓槌一落，心情荡漾，一早等在台前的村民纷纷转到台侧驻足。人群聚拢速度很快，几分钟内围了四五层，拦挡住原本两车宽的村道。鼓声混进了车辆鸣笛的吱呀嘈杂，鼓师们起兴，板鼓、大鼓和锣镲铙钹开始即兴配合加花，发展、反复、变奏，眼神、唇语、手势处处有戏，酣畅淋漓！大人们聚着神围着，男娃子们忍不住好奇，他们翻过帷幕，溜进乐队跑到乐师身边，却又挡住身后同伴，手臂一横。"嘘！"外围的大人喊"回自家占的座儿看戏"，娃子们贼贼地回喊"听无"，继续自顾自地绕着乐队嬉戏。

台下锣鼓喧响，台上指花翻腾，方寸之地，滚滚乾坤！七点到十一点，一场四个小时的演出，一般人坚持举高双手都受不住。而布袋木偶戏演员们从一个眼神、一个姿势，接唱台词，转换角色，架背景板，递小道具，身手心眼交替配合，容不得丝毫松懈。然而，没有一个老师傅因为自己也上场表演，就对年轻演员放低标准。他们全神贯注，盯着青年演员们手上的每一个戏点，一有瑕疵，当即上前补救、告诫。对"弄尪仔"的人来说，老师、新师表演，都必须一样高要求。

老庙新开，香火正旺。演出结束，庙前的鞭炮灰堆里，还未炸透的鞭炮仔不时地兀自发出单响，仿佛还在回忆刚才的人偶幻象。这是漳州布袋木偶戏的人间烟火味。

高　舒

记于漳州龙海象阳社感应庙社戏夜

2015 年 10 月 3 日